Graeme Donald
Glück und Zufall in der Wissenschaft

Graeme Donald

Glück und Zufall in der Wissenschaft

Spektakuläre Entdeckungen
und Erfindungen

Aus dem Englischen
von Felix Mayer

Anaconda

Titel der englischen Originalausgabe: *The Accidental Scientist. The Role of Chance and Luck in Scientific Discovery* (London: Michael O'Mara Books 2013)
Lizenzausgabe mit freundlicher Genehmigung
Copyright © Michael O'Mara Books Limited 2013

Die Deutsche Nationalbibliothek verzeichnet diese Publikation in der Deutschen Nationalbibliografie; detaillierte bibliografische Daten sind im Internet unter http://dnb.d-nb.de abrufbar.

© dieser Ausgabe 2015 Anaconda Verlag GmbH, Köln
Alle Rechte vorbehalten.
Umschlagmotiv und -gestaltung: Olaf Schumacher
Satz und Layout: InterMedia, Ratingen
Printed in Czech Republic 2015
ISBN 978-3-7306-0202-7
www.anacondaverlag.de
info@anacondaverlag.de

*Für Rhona, die mir
die Prinzen von
Serendip ganz
persönlich geschenkt
haben*

Inhalt

Einleitung

Der englische Ausdruck *serendipity* gilt als eines der am schwierigsten in andere Sprachen zu übersetzenden Wörter. Der Begriff wurde von Horace Walpole (1717–1797) geprägt, dem Sohn von Robert Walpole (1676–1745), der gemeinhin als erster Premierminister Großbritanniens gilt, obwohl diese Bezeichnung erst 1937 offiziell eingeführt wurde und alle Amtsinhaber bis dahin den Titel des Ersten Lords der Schatzkammer trugen – aber wir schweifen ab. Angeregt wurde Walpole von der Erzählung *Die drei Prinzen von Serendip* – so lautet der frühere Name Sri Lankas –, einer Geschichte aus alter Zeit, die davon berichtet, wie durch Zufälle oder Missgriffe Entdeckungen gemacht oder Probleme gelöst werden, wie es auch in Naturwissenschaft und Medizin seit jeher passiert.

Nehmen wir zum Beispiel die Entdeckung von PTFE, heute besser bekannt als Teflon. Spötter behaupten fälschlicherweise, antihaftbeschichtete Pfannen seien die einzige Errungenschaft der Raumfahrtforschung, die auch normalen Leuten etwas nutze, dabei wurde Teflon in Wirklichkeit 1938 durch einen Zufall entdeckt, und zwar von Roy Plunkett, der damals bei dem Chemiekonzern DuPont arbeitete und sich mit Kühlmitteln beschäftigte. Eines Tages ließ sich eine mit Tetrafluorethylen gefüllte Gasflasche nicht leeren, obwohl ihr Gewicht dafür sprach, dass sie voll war. Die meisten Forscher hätten sich einfach eine andere Flasche geschnappt – nicht so Plunkett: Er schnitt die Flasche in der Mitte durch, um zu sehen, was da los war. Die Innenseite des Behälters war mit einer weißen Schicht überzogen, das Gas war also polymerisiert. Seit der Entdeckung dieser weißen Schicht ist es deutlich leichter, ein Omelett zu braten.

Bleiben wir noch kurz beim amerikanischen Raumfahrtprogramm. Dort findet sich ein Beispiel, wie das Prinzip der *serendipity* – chronologisch betrachtet – auch in umgekehrter Richtung wirken kann. 1962 beschäftigte sich die NASA mit der kniffligen Aufgabe, Raumanzüge für die erste Mondlandung zu entwerfen. In einem beiläufigen Gespräch verbesserte ein Mitarbeiter einen Kollegen, der von der altbekannten Mär berichtet hatte, im Mittelalter seien die Rüstungen so schwer gewesen, dass die Ritter mithilfe kleiner Kräne auf ihre Pferde gehievt werden mussten. Während besagter Mitarbeiter dem Team einen Vortrag darüber hielt, wie leicht und beweglich diese Rüstungen gewesen waren – sie wogen selten mehr als 20 Kilo –, dämmerte es allen Anwesenden, dass die Lösung des Problems in der Vergangenheit liegen könnte. Das Team flog kurzerhand nach England, um die Waffenkammer im Londoner Tower zu besichtigen, und daraufhin entstand die berühmte Mondkluft nach dem Vorbild eines Panzerkleids Heinrichs VIII., das für den Fußkampf im ritterlichen Wettstreit bestimmt gewesen war. Das Geheimnis lag in den Gelenkverbindungen, die uneingeschränkte Bewegung in alle Richtungen ermöglichten. Im Tower ist noch heute neben den historischen Vorbildern der Raumanzug ausgestellt, den die NASA zum Zeichen des Dankes geschickt hat.

Natürlich gibt es weitaus mehr Beispiele für zufällige Entdeckungen als die, von denen wir im Folgenden berichten – so ging etwa die Droge Ecstasy aus Versuchen hervor, mit denen die US-Armee in den 1950er Jahren ein Wahrheitsserum finden wollte –, aber alle an diesem Buch Beteiligten hoffen, dass Ihnen die Geschichten in *Glück und Zufall in der Wissenschaft* gefallen und Sie vielleicht dazu anregen, selbst nach weiteren Fällen von *serendipity* Ausschau zu halten.

Botox

Giftstoffe sind eigenartige Substanzen. Manche wirken tödlich, wenn sie intravenös verabreicht werden, bleiben jedoch harmlos, wenn man sie schluckt, wie etwa Schlangengift, das im Grunde nur ein Enzym ist, das die Beute der Schlange vorverdaut. Andere hingegen, wie etwa Botulin, können tödlich sein, wenn man sie schluckt, aber unschädlich oder sogar heilsam, wenn sie gespritzt werden – unter den richtigen Bedingungen.

Das Bakterium *Clostridium botulinum*, bei dem man für gewöhnlich an verdorbenes Fleisch denkt, kommt überall im Erdboden vor und gedeiht vor allem auf säurearmen Gemüsesorten wie etwa Spargel. Besonders betroffen ist die unscheinbare Ofenkartoffel, wenn sie nach dem Garen in Alufolie gewickelt und dann bei Zimmertemperatur sich selbst überlassen wird. Der erste, der die Existenz dieses Giftes ahnte, war der Dichter und Arzt Justinus Kerner (1786–1862). Als 1817 in seiner württembergischen Heimatstadt ungewöhnlich häufig Lebensmittelvergiftungen auftraten, führte er dies auf bestimmte gekochte Würste zurück und benannte daher den Übeltäter nach dem lateinischen Wort *botulus* (= Wurst). Solche Epidemien gab es in Württemberg weitaus öfter als in anderen Regionen, weshalb Kerner den Grund hierfür in der lokalen Tradition vermutete, die Würste langsam und bei niedrigen Temperaturen zu kochen, um ein Aufplatzen zu vermeiden; und obwohl er keinerlei Vorstellung von der Beschaffenheit des Erregers hatte, dachte er bereits über dessen mögliche Verwendung in der Medizin nach. Doch erst eine zufällige Einladung – ausgerechnet zu einem Begräbnis – brachte 78 Jahre später die Antwort auf diese Frage.

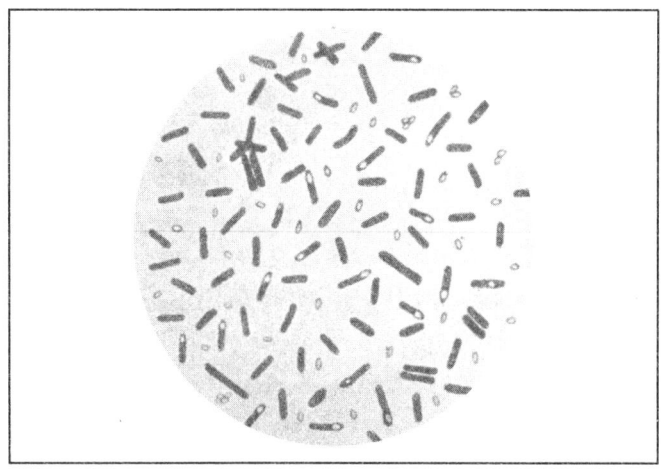

Clostridium botulinum

Hump-da-da

Am 14. Dezember 1895 nahm der belgische Mikrobiologe Emile van Ermengem (1851–1932) in seinem damaligen Wohnort Ellezelles am Begräbnis eines gewissen Antoine Creteur teil. Beim anschließenden Leichenschmaus war auch die *Fanfare Les Amis Réunis* mit von der Partie, eine Blaskapelle, die noch heute existiert und in ganz Belgien bekannt ist. Nach getaner Arbeit verzogen sich die Mitglieder der Kapelle in das Gasthaus *Le Rustic* und ließen sich dort Bier und den am Ort hergestellten luftgetrockneten und geräucherten Schinken schmecken (eine Spezialität, die dem Schinken aus Parma nicht unähnlich ist). Schon bald zeigten die meisten der 34 Musiker Symptome wie Sehtrübung, Muskelschwäche und verwaschene Sprache – was nicht ungewöhnlich ist, wenn man lange im Wirtshaus gesessen hat. Aber dann starb einer nach dem anderen. Als Erstes erwischte es die drei jüngsten: Jules Hautru und Angel Deltenre, zwei 19-jährige Knechte, sowie den 22-jährigen Sattler Firmin Creteur, ein Verwandter des kurz zuvor Begrabenen.

Der entscheidende Anhaltspunkt war natürlich, dass die Handvoll Musiker, die den Schinken zugunsten anderer Speisen gemieden hatten, wohlauf waren. So erhielt van Ermengem die einmalige Gelegenheit, die Ursache der Erkrankung zu identifizieren, und machte sich sofort an die Arbeit.

Er fuhr zurück in sein Labor an der Universität von Gent, löste die Proben, die er von dem Schinken genommen hatte, in Wasser und verabreichte sie Hasen, Hunden und Affen, indem er sie ihnen injizierte oder ins Futter mischte. Innerhalb kürzester Zeit entwickelten alle Tiere dieselben Symptome und starben. Nach wenigen Wochen hatte van Ermengem das auslösende Bakterium identifiziert und veröffentlichte Artikel über dessen Beschaffenheit sowie, was weitaus wichtiger war, über Methoden, mit denen die Vermehrung der Bakterien beim Trocknen von Schinken verhindert werden konnte.

Affentheater

1946 gelang Dr. Edward J. Schantz die Herstellung einer kristallinen Form von Botulin, die es ermöglichte, das Gift genauer zu untersuchen. Einige Zeit später, in den 1950er Jahren, probierte Dr. Vernon Brooks es an einer Gruppe Affen aus. Wie es der Zufall wollte, hatte eines der Tiere stark ausgeprägte nervöse Zuckungen, und Brooks stellte fest, dass diese nach jeder Injektion des Giftes schwächer wurden. Bald erkannte er, dass das Gift die Ausschüttung von Acetylcholin in den motorischen Nerven hemmte, die die betroffenen Muskeln steuerten. Dieser zufällig entdeckte Nebeneffekt, den Brooks auch in seinen Veröffentlichungen erwähnte, veranlasste wiederum Dr. Alan B. Scott von der Smith-Kettlewell Eye Research Foundation in San Francisco

Macht Botox glücklich?

Manche Stimmen in der jüngeren Forschung vertreten die Meinung, es bestehe eine Verbindung zwischen Botoxinjektionen im Gesicht und der Tatsache, dass die so Behandelten sich nicht in die emotionalen Nöte anderer einfühlen können; jedenfalls behauptet das David Neal, Professor für Psychologie an der University of Southern California. Zu einem ähnlichen Schluss gelangen Joshua Davis und Ann Senghas, beide Professoren am Barnard College. Davis schreibt hierzu:

> Nach einer Behandlung mit Botox kann es vorkommen, dass ein Proband völlig normal auf ein emotionales Ereignis reagiert, z. B. auf eine traurige Filmszene, dabei aber in den von der Injektion betroffenen Gesichtsmuskeln nur eine schwache Regung zeigt, wodurch auch die neuronale Rückmeldung seines Gesichtsausdrucks an das Gehirn schwächer wird. [...] Man sollte daher testen, ob die Regungen der Gesichtsmuskeln und die Rückmeldungen von dort an das Gehirn unsere Gefühle beeinflussen können.

Vielleicht sind manche Botoxnutzer auch einfach nur narzisstische und ichbezogene Menschen, die sich nicht um die Probleme anderer scheren. Das ist genauso einleuchtend und lässt sich auch ohne großen Aufwand erkennen.

zu der Frage, ob das Gift auch diejenigen Muskeln ent-
spannen könnte, die Strabismus verursachen, also
Schielen. Nach der Genehmigung durch die amerikanischen Behörden im Jahr 1978 galten Injektionen mit
Botulinustoxin nicht nur bei Strabismus als Standard-
behandlung, sondern auch bei Muskelzuckungen in
Gesicht und Nacken sowie bei anderen nervösen Tics,
die dadurch allesamt über Nacht verschwanden.

Jetzt läuft's glatt

Die Verwendung von Botox zu kosmetischen Zwecken
im großen Stil begann allerdings erst im Jahr 1987,
nachdem Patienten des Ärzteehepaares Dres. Jean und
Alastair Carruthers in Vancouver ein paar beiläufige
Bemerkungen gemacht hatten. Jean verwendete damals
bereits Botulininjektionen bei Patienten, die unter
Zuckungen der Gesichtsmuskeln oder Blepharospas-
mus litten, einem krampfhaften Zwinkern und Zusam-
menkneifen der Augenlider. Eine Patientin, deren
Stirnmuskeln sich wieder beruhigt hatten, bat dennoch
um eine weitere Injektion, weil ihre Haut erneut Falten
gebildet hatte. Jean erzählte dies am selben Tag beim
Abendessen ihrem Mann, der sofort hellhörig wurde.
Er liebäugelte schon länger mit der kosmetischen
Medizin; unter anderem hatte er für die Glabellarfalten,
die vertikalen Sorgenfalten zwischen den Augenbrauen,
die unterschiedlichsten Füllmaterialien ausprobiert.

Am nächsten Tag überredeten sie die Empfangs-
dame ihrer Praxis, sich als erstes menschliches Versuchskaninchen für rein kosmetische Zwecke zur Verfügung zu stellen. Cathy Bickerton Swann war 30 Jahre
alt, besaß stark ausgeprägte Stirnfalten, die v-förmig
auf die Stelle zwischen ihren Augen zuliefen und ihr
ein leicht klingonenhaftes Aussehen verliehen, und
wenn sie zusätzlich wirklich die Stirn runzelte, sah sie
»ganz schön fies« aus, wie die Carruthers meinten. Das
Ergebnis des Versuches war eindeutig. Die drei waren
sich einig: Es war buchstäblich alles glatt gegangen.
Nach wenigen Tagen reichte die Warteschlange vor der
Arztpraxis um den halben Block, und jede der Damen
verlangte nach einer Behandlung mit dem Mittel, das
schon bald als Botox auf den Markt kommen sollte.

Cathy machte den Carruthers zuliebe noch eine Zeit
lang mit den Injektionen weiter. Schon bald gab sie ihre
Stelle jedoch auf, und in ihrem letzten Interview erzählte sie, dass sie seitdem botoxfrei lebt – noch immer
mit ausgeprägten Linien und ein wenig vollschlank,
aber rundherum glücklich mit sich selbst und ihrem
Leben.

Der genetische Fingerabdruck

Als Sir William Herschel (1833–1917), Sohn des berühmten Astronomen John Herschel (1792–1871), einen seiner Auftragnehmer dazu zwang, unter einen Vertrag den Abdruck seiner mit Tinte bestrichenen Hand zu setzen, ahnte er nicht, was das für die Entwicklung der Spurensicherung und der erkennungsdienstlichen Verfahren bedeuten sollte. Herschel – damals Verwaltungsbeamter im indischen Jangipur – war sich nicht im Geringsten bewusst, wie einzigartig dieses Durcheinander aus Linien und Wirbeln war. Er hatte es einfach satt, von ortsansässigen Auftragnehmern hereingelegt zu werden, die er im Voraus bezahlt hatte und die sich dann nicht an die Vereinbarungen hielten, indem sie behaupteten, den Vertrag nie gesehen zu haben, oder einen Doppelgänger aus der Familie schickten, der Stein und Bein schwor, der wahre Auftraggeber zu sein.

Herschel kam gar nicht in den Sinn, ein Handabdruck könnte tatsächlich zur Identifikation verwendet werden. Er wollte dem Unternehmer Rajyadhar Konai einfach nur Angst einjagen und ihn glauben

machen, er könne später anhand des Abdrucks identifiziert werden, sollte er den Vertrag über den Bau
einer Straße nicht zum vereinbarten Termin erfüllen.
Mit Erfolg: Am 28. Juli 1858 drückte der sonst so
gewiefte Konai, der sich zuvor aus so mancher Abmachung herauslaviert hatte, seine mit Tinte bestrichene Hand auf das Dokument und hielt sich daraufhin an die in dem Vertrag festgeschriebenen
Vereinbarungen und Auflagen. Herschel lachte innerlich über die Leichtgläubigkeit der Einheimischen und
setzte diese in seinen Augen völlig sinnlose List immer
häufiger ein, wobei er nach und nach den Umfang des
geforderten Abdrucks auf die Fingerspitzen der rechten
Hand reduzierte.

Tauschbörse

Als Herschel 1877 in Hugli das Amt des Friedensrichters übernahm, unterstanden ihm in dieser Funktion
auch die Strafgerichte sowie das Grundbuchamt. Noch
immer ohne die geringste Ahnung, dass er gerade eine
bahnbrechende Neuerung einführte, ließ er im Gefängnis und im Pensionsamt der Armee Fingerabdrücke nehmen. Im Pensionsamt wollte er den Betrug mit doppelten Auszahlungen unterbinden, der die
öffentlichen Kassen spürbar belastete; im örtlichen
Zuchthaus wollte er den Gepflogenheiten ein Ende bereiten, mit denen Familien ihren inhaftierten Ver

wandten gerne eine Auszeit von den Strapazen der harten Arbeit verschafften. Auch hier kamen Doppelgänger zum Einsatz: Die Familien schickten einen Stellvertreter als Besucher, der mit dem Häftling den Platz tauschte, und nach einer gewissen Zeit kehrte der eigentliche Gefangene zurück und der Trick wurde in umgekehrter Richtung gespielt. Die Wachleute kümmerten sich nicht darum, solange die Zahl der Insassen korrekt war, aber Herschel fand das ungerecht und bestand darauf, dass von allen Besuchern Fingerabdrücke genommen wurden, wenn sie das Gefängnis betraten oder verließen.

Auch hier war das Vorgehen erfolgreich. Herschel, und mit ihm wohl die gesamte westliche Welt, wusste vermutlich gar nicht, wie verlässlich diese »neue« Methode war – die Einheimischen dagegen vielleicht schon, denn später stellte sich heraus, dass die Einzigartigkeit des menschlichen Fingerabdrucks in Ostasien durchaus bekannt war. Nachfolgende Forschungen zeigten, dass in China, in Japan und im Iran schon im Jahr 300 an Tatorten Abdrücke von Händen, Füßen und Fingern gesammelt und anschließend bei Gerichtsverhandlungen verwendet wurden. Der früheste bekannte schriftliche Hinweis auf die Einzigartigkeit von Fingerabdrücken findet sich in der *Universalgeschichte* von Raschid ad-Din Hamadani (1247–1318): »Die Erfahrung lehrt, dass zwei Individuen niemals identische Finger haben.«

Spurlos

Der erste westliche Gelehrte, der sich öffentlich dafür aussprach, Fingerabdrücke bei Kriminalfällen zur Identifikation und zu Ermittlungszwecken zu verwenden, war der schottische Arzt und Missionar Henry Faulds (1843–1930), der im Tsukiji-Krankenhaus in Tokio praktizierte. Im Sommer 1880 lud der amerikanische Orientalist Edward S. Morse (1838–1925), der sich auf einer Forschungsreise befand, Faulds dazu ein, ihn zu einer archäologischen Ausgrabung zu begleiten. Dazu gedrängt, in seiner Freizeit im Landesinneren herumzustiefeln, war Faulds dann doch beeindruckt von den Fingerabdrücken der Töpfer aus früheren Epochen, die auf den ausgegrabenen Fragmenten deutlich erkennbar waren. Und noch mehr beeindruckte ihn, dass die einheimischen Arbeiter diese Fragmente, wo es möglich war, anhand der Fingerabdrücke zusammensetzen konnten.

Jetzt war Faulds hocherfreut, dass er Morses Einladung angenommen hatte. Zurück im Krankenhaus fing er an, die Fingerabdrücke von Freunden und Kollegen zu sammeln – gerade noch rechtzeitig, um einen dieser Kollegen vor einer irrtümlichen Festnahme zu bewahren. Während er eifrig Abdrücke und Daten sammelte, um seine Vermutung zu stützen, dass jeder Mensch anhand seiner Fingerabdrücke eindeutig identifiziert werden kann, wurde in das Krankenhaus eingebrochen und einer seiner Kollegen von der Polizei festgenommen. Faulds erfasste am Tatort Fingerabdrücke und sorgte mit seinen Beweisen für die Freilassung des Kollegen. In einem Aufsatz vom 28. Oktober 1880 erwähnt er diesen Fall der Entlastung eines Verdächtigen:

Wenn sich blutige Fingerspuren oder Abdrücke auf Lehm oder Glas finden, können mit ihrer Hilfe Kriminalfälle wissenschaftlich untersucht werden. Ich selbst habe bereits zwei Fälle erlebt, in denen ich derlei Abdrücke als hilfreiche Beweise verwenden konnte. In einem Fall halfen fettige Fingerabdrücke, die Person zu finden, die aus einer Flasche Spiritus getrunken hatte. Das Muster war einmalig, und ich hatte glücklicherweise zuvor bereits einen Abdruck davon angefertigt. Beide stimmten bis ins kleinste Detail überein. In einem anderen Fall waren die rußigen Fingerspuren einer Person, die eine weiße Wand hinaufgeklettert war, als Beweis von hohem Wert.

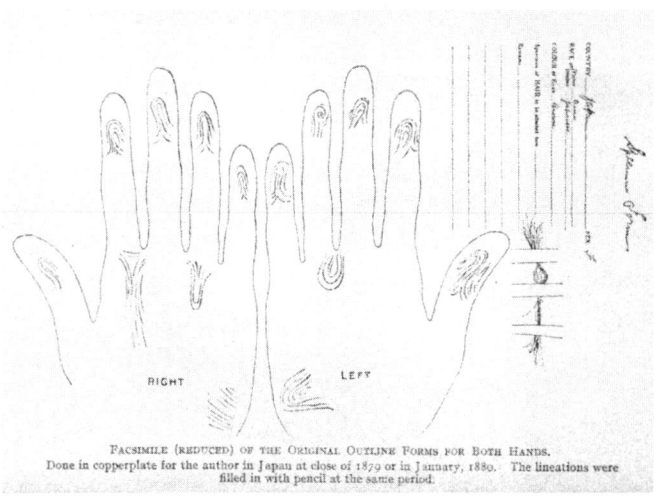

FACSIMILE (REDUCED) OF THE ORIGINAL OUTLINE FORMS FOR BOTH HANDS.
Done in copperplate for the author in Japan at close of 1879 or in January, 1880. The lineations were filled in with pencil at the same period.

Zeichnung aus Henry Faulds' *Dactylography*

Verschmierte Abdrücke

Doch wie verlässlich sind Fingerabdrücke tatsächlich? Sind sie wirklich das unfehlbare kriminaltechnische Beweismittel, für das die meisten Menschen sie halten? Zwar haben sich bis heute alle erfassten menschlichen Fingerabdrücke als einzigartig erwiesen, das Problem liegt jedoch – wie beim genetischen Fingerabdruck – in der guten alten Fehlbarkeit des Menschen und in der Interpretation des Beweismaterials. An Tatorten präsentieren sich Fingerabdrücke selten fein säuberlich angeordnet auf einer glatten Oberfläche. Meist sind sie unvollständig, verschmiert oder, etwa auf einem Stück Fensterkitt oder auf Plastiksprengstoff, verzerrt, gestreckt oder in anderer Weise verzogen. Der berühmteste Fall einer fehlerhaften Zuschreibung ist der von Brandon Mayfield (*1966), einem Anwalt aus Portland, Oregon, dessen Fingerabdrücke wegen eines jugendlichen Vergehens in den Polizeiakten festgehalten waren und der am 6. Mai 2004 verhaftet wurde, weil er angeblich in die Anschläge auf die Vorortzüge in Madrid verwickelt war. Beweise, dass er die USA die letzten 15 Jahre nicht verlassen hatte, wurden mit Verweis auf die Fingerabdrücke beiseite gewischt, Mayfield wurde über zwei Wochen lang ohne Verbindung zur Außenwelt festgehalten und durfte auch keinen Anwalt zu Rate ziehen, bis die Verwechslung schließlich erkannt wurde. Der Fall wurde so etwas wie eine *Cause célèbre* und richtete die

internationale Aufmerksamkeit auf die Veröffentlichungen von Dr. Simon Cole, Professor für Kriminologie
an der amerikanischen Cornell University, der schon seit
vielen Jahren davor warnt, blind auf Fingerabdrücke zu
vertrauen, wie es Gerichte häufig tun. Seinen Schätzun-
gen zufolge werden dadurch allein in den USA jedes Jahr
etwa tausend Fehlurteile gesprochen.

Durch die Veröffentlichung dieses Artikels verdarb
Faulds es sich mit der gesamten Fachwelt. In dem
Bemühen, einen bedeutenden Fürsprecher für die Verwendung von Fingerabdrücken bei der Verbrechens-
bekämpfung zu gewinnen, schrieb er an Charles Darwin, der sich aber für diese Sache nicht interessierte
und den Brief an seinen Cousin Francis Galton weiter-
leitete, einen Naturforscher, der den höchst problema-
tischen Begriff der Eugenik entwickelt hat. Als Galton
erkannte, dass Fingerabdrücke nicht dabei helfen
konnten, Personen als *von Natur aus* kriminell veran-
lagt oder von der Norm abweichend zu identifizieren
und sie so aus der genetisch gesäuberten Gesellschaft
auszusondern, von der er träumte, verlor auch er zunächst jegliches Interesse.

Spurensicherung

Nun eröffnete William Herschel das Feuer. Weil er die Bedeutung seiner Hand- und Fingerabdrücke jahrelang verkannt hatte, zog er voller Verärgerung mit der Behauptung in den Kampf, er habe dieselben Gedanken wie Faulds schon knapp 30 Jahre zuvor entwickelt. Zwischen den beiden Männern entstand eine verbitterte Auseinandersetzung, die sowohl öffentlich als auch privat geführt wurde und die bis zu Herschels Tod andauern sollte.

Zu dieser Zeit erschienen in England erstmals Übersetzungen der Schriften von Eugène Vidocq (1775 bis 1857), diesem außergewöhnlichen Mann, der in Frankreich vom Verbrecherkönig zum Detektiv und Kriminologen im Staatsdienst avanciert war.

Nachdem die französischen Behörden verzweifelt versucht hatten, eine Verbrechenswelle zu bekämpfen, für die hauptsächlich Vidocq und seine Spießgesellen verantwortlich waren, ermöglichten sie ihm 1809 die Flucht aus dem Gefängnis unter der Bedingung, dass er im Gegenzug beim Aufbau einer verdeckten Einheit mithalf, die Jagd auf Diebe und Einbrecher machen sollte. Die Behörden waren von Vidocqs Aufklärungsrate so beeindruckt, dass sie seine Einheit zur heute noch bestehenden Sureté Nationale ausbauten. Die Briten zeigten sich natürlich entsetzt angesichts der Vorstellung, sich mit den Vidocqs dieser Welt einzulassen, schickten aber insgeheim einen Spähtrupp aufs Festland, der Vidocqs Methoden auskundschaften und dann Sir Robert Peel dabei helfen sollte, seine neue Behörde am Scotland Yard bestmöglich zu organisieren. Vidocq ließ nicht nur als erster Ermittler am Tatort Schuhabdrücke nehmen, um sie mit dem Schuhwerk bekannter Verbrecher zu vergleichen, sondern er versuchte auch schon im Jahr 1820, Fingerabdrücke für die Akten der Sureté zu erfassen – allerdings machte ihm die Tinte, die er dabei verwendete, einen Strich durch die Rechnung. Er nahm gewöhnliche Schreibtinte, die zu schnell trocknete, um Ergebnisse zu liefern. Wäre ihm in den Sinn gekommen, die ölbasierte und langsam trocknende Tinte zu verwenden, die in Druckereien zum Einsatz kam, wäre er allen anderen um Jahre voraus gewesen. Was Herschel angeht, muss gerechterweise gesagt werden, dass er die Tinte benutzt hatte, die er auch für seine offiziellen Stempel und Amtssiegel nahm und die der Druckertinte sehr ähnlich war. Also gebührt ihm vielleicht doch ein Teil des Ruhmes.

Fingerspitzengefühl

Acht Jahre nachdem er Faulds' Brief erhalten hatte, beschäftigte sich Galton wieder mit Fingerabdrücken und veröffentlichte einen Aufsatz, in dem er die verschiedenen Erscheinungsformen ausführlich beschrieb und in acht Hauptkategorien einteilte. Damit trug er wesentlich dazu bei, dass immer mehr Polizeibehörden auf der ganzen Welt solche Spuren zu Hilfe nahmen. Faulds' Schreiben erwähnte er dabei mit keinem Wort, was zur Folge hatte, dass der zunehmend in Vergessenheit geratene alte Schotte ihn mit einem Sperrfeuer aus vernichtenden Briefen überzog, weil er sich – durchaus zu Recht – bestohlen fühlte.

Die erste Polizeibehörde, die das galtonsche System der Kategorisierung von Fingerabdrücken benutzte, war das Revier von La Plata in Buenos Aires, dessen Ermittlungen auch erstmals zu einem Schuldspruch führten, der sich ausschließlich auf Fingerabdrücke stützte. Am 29. Juni 1892 war Francesca Rojas blutüberströmt und schreiend aus ihrem Haus in Necochea gelaufen und hatte behauptet, ihr Nachbar Pedro Velasquez habe sie angegriffen und ihre Kinder ermordet. Weil Pedro aber – ganz gleich, wie intensiv man ihn auch »befragte« – bei seiner Version der Ereignisse blieb und sich mit der Zeit herausstellte, dass Francesca einen Liebhaber hatte, der sich wegen ihrer Kinder weigerte, sie zu heiraten, nahm sich die Polizei das Haus noch einmal vor und entdeckte dabei Fingerabdrücke, die auf die Mutter als Täterin hinwiesen. Beim ersten derartigen Fall in England war alles deutlich weniger dramatisch: Harry Jackson stieg im Londoner Stadtteil Denmark Hill durch das offene Fenster eines Hauses und klaute dort einen Satz Billardkugeln. Das Fenster war frisch gestrichen und so hinterließ Harry dort, für die ganze Welt sichtbar, seine Spuren.

Fabelhafte Dämpfe

Der nächste zufällige Fortschritt rund um Fingerabdrücke ereignete sich 1977 im staatlichen Kriminallabor von Japan, wo Fuseo Matsumura – eigentlich ein Experte für Fasern – Spurenmaterial vom Tatort des Mordes an einem Taxifahrer untersuchte. Er befestigte die Proben mit Sekundenkleber auf Objektträgern, klemmte diese unter das Mikroskop und sah zu seiner Überraschung, wie sich auf der Unterseite des ersten Objektträgers allmählich seine Fingerabdrücke abzeichneten. Er beratschlagte sich mit seinem Kollegen Masato Soba, und nach weiteren Experimenten mit ihren Fingerabdrücken hatten sie herausgefunden, dass sich die Dämpfe aus Cyanacrylat, die der Kleber freisetzte, an den Aminosäuren und den Fettsäuren in den unsichtbaren Fingerspuren ablagerten und diese dadurch sichtbar wurden. Sie vermuteten, dass bei den Dämpfen mehr zu holen war als bei ihrer eigentlichen Arbeit. Also zimmerten sie einen Glaskasten mit einer improvisierten Heizquelle zusammen, mit dem sie geradezu umwerfende Ergebnisse erzielten. Heutzutage ist die Sichtbarmachung von Fingerabdrücken durch Dämpfe ein Standardverfahren auf der ganzen Welt.

Heureka!

Zu guter Letzt folgte der glückliche Zufall, der zur Entdeckung des genetischen Fingerabdrucks führte. Sir Alec Jeffreys (*1950) betrachtete gerade ein paar Röntgenaufnahmen, die er vom genetischen Material seiner Kollegen an der Leicester University gemacht hatte, als er am Morgen des 10. September 1984 um 9:05 Uhr – in seinen Notizen und Akten ist Jeffreys höchst akribisch – sein Heureka erlebte. Die Bilder zeigten einen zufälligen Abschnitt der DNA einer Labortechnikerin und ihrer Eltern, und Jeffreys besah sich nun das Ergebnis:

> Um Spurensicherung ging es dabei überhaupt nicht. Es ging eigentlich um Humangenetik und medizinische Genetik. [...] Noch fünf Minuten vor diesem ersten Fingerabdruck hatte ich überhaupt nicht an Spurensicherung gedacht. [...] Ich betrachtete die Aufnahme, dachte mir: »Was für ein heilloses Durcheinander«, und bemerkte dann plötzlich, dass da Muster waren. [...] Jedes von ihnen war individuell einzigartig; was ich sah, war Lichtjahre entfernt von allem, was wir kannten. [...] Das war wirklich ein Heureka-Erlebnis. Als ich in der Dunkelkammer vor dieser Aufnahme stand, nahm mein Leben eine radikale Wendung. Die Möglichkeiten, die sich für die Spurensicherung und für Vaterschaftstests ergaben, waren offenkundig, und noch am selben Abend sagte meine Frau, dass nun auch Einwanderungsstreitigkeiten beigelegt werden könnten, indem man Familienverhältnisse aufklärte.

Innerhalb weniger Monate wurde die »Lesetechnik« so
weit verfeinert, dass ein genetischer Fingerabdruck eindeutig definiert war. Doch mittlerweile wachsen selbst
bei dieser Methode der Identifikation die Vorbehalte
gegen die Verbindlichkeit, die man ihr in Strafsachen
zuspricht. Derzeit müssen zwei Proben nur in zehn
Merkmalen übereinstimmen, damit sie vor Gericht als
identisch gelten, und etliche Kritiker sind der Meinung, diese Zahl solle auf 15 oder mehr erhöht werden.
Außerdem solle den Geschworenen klar gemacht werden, dass solche Beweismittel nur etwas über die sta-
tistische Wahrscheinlichkeit aussagen. Darüber hinaus

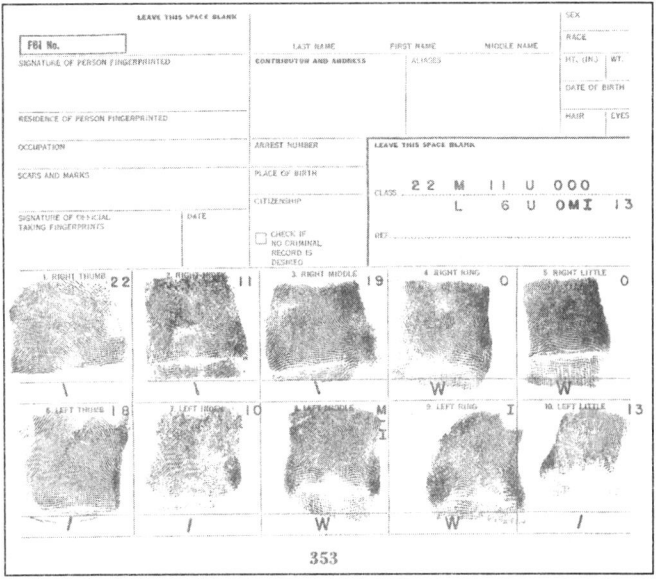

Fingerabdrücke aus den 1960er Jahren aus den Akten des FBI

können am Tatort genommene Proben im Labor versehentlich durch andere Proben verunreinigt werden oder sind vielleicht sogar vom Täter in böswilliger Absicht am Tatort platziert worden. Um jemandem einen Mord anzuhängen, benötigt man heutzutage nur noch ein paar Haare von einer Haarbürste, den Stummel einer gerauchten Zigarette, ein Glas, aus dem jemand getrunken hat, oder ein benutztes Taschentuch. Da könnte man schon ins Grübeln kommen, oder?

Zellulose

In der Geschichte der Zellulose treffen wir auf eine Menge zufälliger Entdeckungen und Begebenheiten. Wir sollten uns aber immer vor Augen halten, dass Zellulose, heute wie damals, ziemlich gefährliches Zeug ist.

1832 entdeckte der französische Chemiker Henri Braconnot (1780–1855), dass Holzfasern, die er mit Salpetersäure behandelte und anschließend trocknen ließ, einen ziemlich amüsanten, aber auch instabilen Sprengstoff ergaben. Ein anderer französischer Chemiker, Théophile-Jules Pelouze (1807–1867), dem später sowohl Alfred Nobel als auch Ascanio Sobrero ihren Ruhm verdanken sollten, behandelte einige Jahre darauf Papier und Pappe auf dieselbe Weise und stellte dadurch Pyropapier her, mit dem er vor allem Kinder beeindruckte. Berühmt wurde die Nitrozellulose jedoch erst durch den deutsch-schweizerischen Chemiker Christian Friedrich Schönbein (1799–1868).

Hier riecht's doch nach Gas

Der Zufall sprang Schönbein erstmals 1840 zur Seite: In einem Labor der Basler Universität, in dem Experimente zur Elektrolyse von Wasser durchgeführt wurden, bemerkte er einen eigenartigen Geruch. Er fühlte sich an den Geruch erinnert, der während eines Gewitters in der Luft liegt. Daraus schloss er ganz richtig, dass es sich hier um ein noch unbekanntes Gas handeln musste, und er taufte es »Ozon«, nach dem griechischen *ozein* (= riechen).

Ein Sturm wird zusammengebraut

1844 wurde Schönbergs Ehefrau Emilie unerwartet zu einer kranken Verwandten gerufen. Kaum war seine Gattin verschwunden, funktionierte Schönbein die Küche des Hauses in ein Labor um, und kurz darauf verschüttete er auf dem Tisch eine Mischung aus Salpetersäure und Schwefelsäure. Panisch griff er nach dem nächstbesten Stück Stoff und wischte die Säuremischung auf, bevor sie ernsthaften Schaden anrichten konnte. Erst danach bemerkte er, dass er die Schürze seiner Frau in der Hand hielt, die er blindlings von ihrem Haken neben dem Ofen gerissen hatte. Er war so klug, sie nicht in Wasser auszuwaschen, sondern hängte sie vorsichtig wieder an den Haken, damit sie trocknen konnte. Als er die Schürze später auf Flecken hin untersuchte, stellte er erleichtert fest, dass sie das Abenteuer unbeschadet überstanden hatte, und versetzte ihr einen schwungvollen Klaps, um sie in eine ordentliche Form zu bringen. Von besorgten Nachbarn umringt, kam er am anderen Ende der Küche wieder zu Bewusstsein, und ihm wurde klar, dass er soeben die Schießbaumwolle erfunden hatte – Baumwolle hat von Natur aus einen hohen Zelluloseanteil. Aus dieser wurde dann das rauchfreie Schießpulver, das es den Artillerien ermöglichte, sich gegenseitig in weitaus größerer Zahl umzubringen als zuvor, weil sie ihr Gegenüber jetzt sehen konnten und nicht mehr in den dichten Wolken ihres eigenen Pulverdampfes standen.

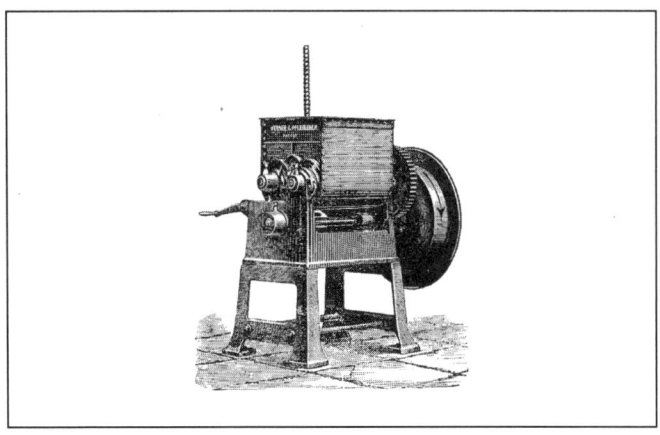

Eine »Knet-, Misch- und Verarbeitungsmaschine« für rauch- und flammenloses Schießpulver, hergestellt in London

Sprengkarten

Wie gefährlich Nitrozellulose unter bestimmten Umständen auch sein mag, sie ist im modernen Leben überall gegenwärtig: im Tesafilm, den wir im Büro benutzen, oder in dem Kleber, der die kleinen Barren aus Heftklammern zusammenhält. Dass es sich auch in Spielkarten versteckt, gibt mitunter dem Leben von Verbrechern eine andere Richtung. Im Oktober 1930 wartete William Kogut in der Todeszelle von San Quentin auf seine Hinrichtung wegen des Mordes an der Bordellbetreiberin Mayme Guthrie. Weil ihm der Sinn nicht nach dem elektrischen Stuhl stand, zerschnippelte er ein paar Spielkarten, weichte sie in Wasser auf und stopfte sie zusammen mit einer behelfsmäßigen Kugel in ein Stahlrohr, das er aus dem Rahmen seines Bettes gerissen hatte. Dann hielt er das geschlossene Ende gegen den Heizkörper der Zelle, das offene Ende gegen seine Schläfe und wartete. Es funktionierte prächtig.

1975 wurden die sogenannten Birmingham Six, eine Gruppe irischer Republikaner, nach den Bombenanschlägen auf zwei Pubs in der New Street Station in Birmingham wegen Mordes verurteilt. Ihnen kamen jedoch die Spielkarten zu Hilfe. Kurz vor den Explosionen hatten die sechs Männer an genau diesem Bahnhof einen Zug bestiegen, um nach Belfast zum Begräbnis eines IRA-Terroristen zu reisen. Kriminaltechnische Nitrattests wiesen darauf hin, dass zwei von ihnen mit

Sprengstoff hantiert hatten. Diese Vermutung wurde
jedoch später ins Wanken gebracht, und zwar durch
die Tatsache, dass die Betroffenen, bevor sie im Fähr-
hafen von Heysham verhaftet wurden, im Zug Karten
gespielt hatten – und bekanntlich hat man ja schon
nachweisbare Mengen Nitrit an den Fingern, wenn
man nur ein einziges Päckchen mischt.

Explodierende Kugeln

20 Jahre nach Schönbeins Experiment hatte die stei-
gende Nachfrage nach Billardkugeln den Afrikani-
schen Elefanten an den Rand der Ausrottung gebracht – allein wegen der Kugeln wurden jedes Jahr
12 000 Tiere getötet. Von den steigenden Elfenbeinprei-
sen immer mehr beunruhigt, schrieb die amerikanische Billardfirma Phelan and Collender im Jahr 1863
einen Preis in Höhe von 10 000 Dollar für eine brauch-
bare synthetische Alternative aus, woraufhin sich auch,
angespornt vom Preisgeld, John Wesley Hyatt (1837 bis
1920) an die Arbeit machte, ein 26-jähriger Drucker
aus New Jersey. Er experimentierte mit verschiedenen
chemischen Verbindungen, verwarf eine nach der
anderen, und einmal, als er Papier für eine neue Mixtur kleinschnippelte, zog er sich eine Schnittwunde zu.
Daraufhin wollte er aus einem Schränkchen eine Flasche mit Kollodium holen, die er dort für solche Fälle
aufbewahrte. Kollodium ist nun nichts anderes als in

Alkohol gelöste Nitrozellulose, eine Mischung, die
damals zur Wundversorgung verwendet wurde. Sprüh-
verbände sind also im Grunde nichts Neues, sie haben
größtenteils dieselben Bestandteile. Als Hyatt sah, dass
die Flasche vor längerer Zeit umgefallen und ausgelau-
fen sein musste und jetzt, nachdem der Alkohol verdampft war, eine harte Schicht aus Zellulosenitrat den
Boden des Kästchens überzog, war er im ersten Moment ratlos. Aber er hatte soeben das Material für seine
Billardkugeln entdeckt.

Hyatt und sein Bruder Isaiah räumten gemeinsam
den Preis ab, stiegen in die Produktion von Billardkugeln sowie einer Menge anderer Dinge ein und wurden
wohlhabende Leute. Ihre Produkte hatten allerdings
den ein oder anderen Nachteil, eben weil sich darin
unser alter Bekannter Nitrozellulose versteckte. Billardkugeln stoßen laufend aneinander, das liegt in der
Natur der Sache, und schon bald erhielten die Hyatt-
Brüder einen Brief vom Betreiber eines Saloons in
Colorado, der ganz verzweifelt war, weil die Kugeln der
Hyatts während des Spiels andauernd explodierten,
woraufhin die rauflustigeren unter den Gästen ihre
Pistolen zückten und jedes Mal beinahe das Feuer er-
öffneten.

Doch nicht nur Billardkugeln hielten Überraschun-
gen bereit: Hemdkragen aus Zelluloid waren äußerst
beliebt, weil sie wasserabweisend waren und lange weiß
blieben, bis dann dieser dumme Unfall passierte, bei
dem von einer Zigarre heiße Asche abfiel. Mütter, die

zuvor ihren widerspenstigen Nachwuchs mit ihren alt-
modischen hölzernen Haarbürsten gezüchtigt hatten,
taten nun dasselbe mit den neuen Bürsten aus hellem,
glänzendem Zelluloid und erteilten damit den lieben
Kleinen manchmal eine Lehre, die deutlich härter aus-
fiel, als sie es eigentlich verdient hatten. Und dann war
da noch die Sache mit den falschen Zähnen …

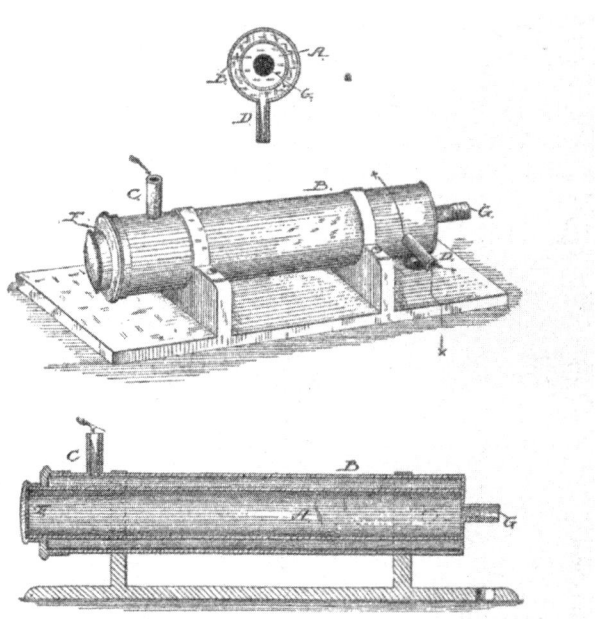

Die Herstellung von Billardkugeln aus Zelluloid
nach der *Hyatt-Gun*-Methode

Zündende Zähne

Die Leute, die ihre schicken neuen Beißerchen aus Zelluloid zur Schau stellten, mussten bald erleben, dass ihr Zahnersatz ziemlich hitzeempfindlich war. Sehr heißer Kaffee etwa ließ die falschen Zähne schmelzen und verpasste ihnen ein ausgesprochen gezacktes Profil, das den Prothesenträger leicht vampirartig aussehen ließ. Aber das war noch das geringste Problem. Einige Pechvögel, die müde und gefühlsduselig geworden waren, weil sie es mit dem Bourbon übertrieben hatten und nun nicht mehr wussten, welches Ende der angezündeten Zigarre in den Mund gehörte, pusteten sich beinahe die Köpfe weg. Am 27. Mai 1908 berichtete die Zeitung *The Herald* aus Carroll, Iowa die lehrreiche Geschichte des Cyrus Hopkins aus Moorehead, der, ausgestattet mit seinen neuen Zähnen, in der Bar des Rogers Hotel ein Päuschen eingelegt und statt seiner Zigarre seinen ZZ-Top-mäßigen Bart angezündet hatte. Hopkins, der schon einmal die Explosion einer Zahnprothese überlebt hatte, war so geistesgegenwärtig, dass er den Mund fest geschlossen hielt und, statt um Hilfe zu rufen, mit den Armen ruderte und die Augen verdrehte, um den Hotelportier William McGuinn auf sich aufmerksam zu machen, welcher mittels eines gezielten Glases Bier und der Nachsorge mit einem Barhandtuch seinen fast schon glattrasierten Gast löschte. Damals erzählte man sich in Amerika, man könne, wenn man nur die Ohren spitze, die Elefanten lachen hören.

Heilung aus der Tiefe

Der aus London gebürtige Chemiker Robert Chesebrough (1837–1933) betrieb als junger Mann eine Fabrik, in der er aus Walrat Treibstoffe herstellte. Infolge des amerikanischen Ölrausches der 1850er Jahre brachen seine Geschäfte jedoch ein. Weil die erste erfolgreiche Bohrung in Titusville, Pennsylvania durchgeführt worden war, beschloss Chesebrough, dort sein Glück zu versuchen, und buchte auf dem nächsten Schiff eine Passage in die neue Welt. Dort fiel ihm als Erstes auf, dass Arbeiter, die sich verletzt hatten, ihre Wunden mit dem dickflüssigen, schmierigen Zeug bedeckten, das an den Bohrspitzen klebte, wenn man diese aus dem Boden zog. Die so behandelten Wunden und Verbrennungen heilten offensichtlich deutlich schneller als unversorgte.

Fasziniert von diesem Phänomen nahm Chesebrough Proben von der Schmiere und richtete sich eine Werkstatt ein, wo er die Substanz klärte und reinigte, sodass sie ansprechender aussah, ohne ihre heilende Wirkung zu verlieren. Nachdem er zunächst erfolglos versucht hatte, sein Produkt unter dem Namen »Rod Oil« (»Bohrstab-Öl«) zu vermarkten, erfand er die weitaus gefälligere Bezeichnung Vaseline, eine Mischung aus dem deutschen *Wasser* und dem griechischen *elaion* (= Öl).

Künstliche Farbstoffe

Vor der Erfindung künstlicher Farbstoffe mussten sich die Menschen mit Färbemitteln zufriedengeben, die sie aus natürlichen Quellen gewinnen konnten. In der Regel verwendeten sie dabei Substanzen, die sie in ihren Heimatregionen vorfanden, weshalb ein geschulter Blick ausreichte, um die Herkunft eines Fremden an den Farben seiner Kleidung zu erkennen. Dass die Farbstoffe vom jeweiligen Heimatort stammten, ist auch der Grund dafür, dass sich in Schottland in frühen Jahren eine Vielzahl von Tartanmustern entwickelt hat. Falsch ist dagegen die Behauptung, dass ein bestimmtes Webmuster oder eine Farbe die Clanzugehörigkeit des Trägers kenntlich machen sollte.

Das tägliche Tonikum

Eine der schlimmsten Plagen des Lebens in den Kolonien war die Malaria. Noch heute ist sie in weiten Teilen Indiens, Asiens und Afrikas allgegenwärtig – in Großbritannien und den USA gilt sie erst seit den frühen 1950er Jahren als besiegt –, und das einzige damals bekannte Heilmittel war Chinin, das wiederum nur in der Rinde des im Westen Südamerikas beheimateten Chinarinden- baumes vorkommt. Weil Chinin ziemlich bitter schmeckt, lösten die britischen Kolonialherren in Indien ihre täglich vorgeschriebene Dosis in Sodawasser auf, nannten dieses sprudelnde Getränk ihr tägliches Toni- kum (»daily tonic«) und gaben, damit sich die Einnahme etwas fröhlicher gestaltete und die Medizin auch besser runterging, einen Schluck Gin dazu. Der Gin Tonic war geboren, und noch heute findet sich Chinin in den meis- ten Sorten Tonic Water. Als infolge der steigenden Nach- frage immer mehr der chininhaltigen Bäume ihre Rinde verloren, begann der Wettlauf um die synthetische Her- stellung des Wirkstoffes. Hier kommt nun William Henry Perkin (1838–1907) ins Spiel. Der Sohn eines Londoner Schreiners war schon als Kind außergewöhnlich klug und wurde mit 15 Jahren Assistent von Professor August von Hofmann (1818–1892) am Londoner Royal College of Chemistry, das heute zum Imperial College gehört. Unter anderem arbeitete er mit Hofmann an einem Syn- theseverfahren für Chinin. Ein solches Verfahren wurde zwar erst 1944 von den in Harvard forschenden Ameri- kanern Robert B. Woodward und W. E. Doering ent- deckt, doch es gab noch einen anderen Wettlauf, und darin überholte Perkin seinen Chef.

In den Osterferien 1856 erklärte Hofmann, er habe vorerst genug und gehe für einige Zeit zurück nach

Deutschland, und überließ Perkin sich selbst. Dieser arbeitete rund um die Uhr in dem improvisierten Labor, das er sich in seiner Unterkunft eingerichtet hatte, führte unzählige Versuche durch und beschloss eines Tages, einfaches Anilin zu verwenden anstelle des

Apparatur zur Herstellung von Anilin

komplexeren Kaliumdichromats, das immer nur eine rötlich-braune Schmiere ergeben hatte. Das Anilin brachte auf den ersten Blick ein noch enttäuschenderes Ergebnis hervor: eine dicke schwarze Ablagerung.

Perkin gab auf und beschloss, ins Bett zu gehen, doch als er den Glaskolben mit Alkohol ausspülte, stellte er verblüfft fest, dass sich alles tiefviolett färbte: das Waschbecken, seine Hände, einfach alles, was mit der Flüssigkeit in Berührung kam. Er hatte gerade durch Zufall den ersten Anilinfarbstoff entdeckt, und schon bald war er ein wohlhabender Mann, dem Hofmann zeit seines Lebens nicht verzeihen konnte.

Das britische Monopol

Der nächste glückliche Zufall in der von Perkin begründeten Färbemittelindustrie ereignete sich 1897 in den Laboren von BASF. Weil ein Chemiker ein Thermometer fallen ließ, konnte nicht nur BASF eine Methode zur Herstellung von Indigo in industriellen Mengen entwickeln, sondern auch für die britische Herrschaft in Indien hatte das letzte Stündlein geschlagen.

Der Würgegriff, in dem die Briten das Juwel ihrer Krone zu dieser Zeit hielten, erstreckte sich auch auf die Indigofelder. Ende des 19. Jahrhunderts hatten die einheimischen Bauern ihre Anbauflächen unter dem Druck der Kolonialherren auf unglaubliche 12 150 km^2

erweitert. In weiten Teilen Bengalens wurde vom Anbau anderer Ackerfrüchte wie Tabak oder Reis »abgeraten«, und zwar mit taktischen Manövern und so brutalen Methoden, dass es zu Recht hieß: »Jede Ladung
Indigo, die England erreicht, ist mit Blut getränkt.«
Indigo war ein außerordentlich beliebter Farbstoff, mit
dem die Briten Millionen scheffelten, während sie den
Erzeugern so gut wie nichts bezahlten.

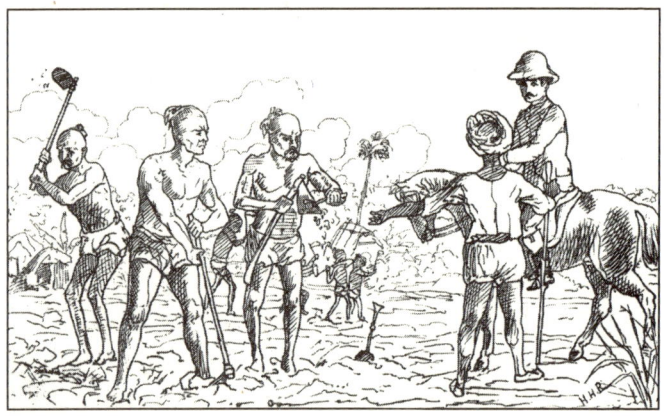

Feldarbeit beim Anbau von Indigo

Adolf von Baeyer (1835–1917), Professor an der Friedrich-
Wilhelms-Universität Berlin, hatte sich vorgenommen,
die Struktur von Indigo zu erforschen und ein Verfahren zur künstlichen Herstellung zu entwickeln, um so
das britische Quasi-Monopol zu brechen. 1883 erreichte
er sein Ziel, allerdings waren die Produktionskosten für
den synthetischen Indigostoff so hoch, dass er dem na

türlichen Produkt keine Konkurrenz machen konnte. Gleichwohl erhielt von Baeyer als erster Jude 1905 für seine Arbeit den Nobelpreis.

Zerbrochenes Glas

Der nächste in der Reihe war Karl Heumann (1850 bis 1894). Er arbeitete bei BASF und war auf der Suche nach einer sinnvollen Verwendung für die Unmengen an Kohlenteer, die in der Stahlindustrie abfielen. Aus dieser übel riechenden Masse extrahierte er Naphthalin und benutzte es als organische Grundlage für sein Syntheseverfahren, das zwar ertragreicher war als alles, was von Baeyer hervorbrachte, aber immer noch nicht ertragreich genug, um den Briten preislich Konkurrenz zu machen. Als Nächster trat der Chemiker Eugen Sapper (1858–1912) auf den Plan. Von ihm ist wenig bekannt, außer dass er das Thermometer zerbrochen hat, das die Briten aus Indien hinauskatapultierte. 1897 beaufsichtigte Sapper einen Kessel mit einer vor sich hinköchelnden Mischung aus Naphthalin und Schwefelsäure, und als er die Temperatur messen wollte, zerbrach er stattdessen das Glasröhrchen an der Wand des Stahlbehälters. Das ausgetretene Quecksilber verwandelte das Naphthalin in Phthalsäureanhydrid, während es selbst durch die Schwefelsäure zu Quecksilbersulfat wurde, das wiederum die Herstellung von Indigo in großen Mengen ermöglichte.

Mit einem Schlag waren die tausende Quadratkilometer Indigofelder wertlos. Dennoch verlangten die Briten weiterhin Steuern und Abgaben von genau den Menschen, denen sie jetzt ihre Ernten nicht mehr abkaufen wollten, Ernten der Pflanzen, zu deren Anbau sie sie gezwungen hatten. Doch das Blatt wendete sich: Zwar hatte es zuvor schon Indigo-Aufstände gegeben, aber diesmal wurde das Elend der Indigobauern zur gemeinsamen Sache für zahlreiche Gruppierungen in ganz Indien. 1917 schrieb sich Mahatma Gandhi den Kampf für die Indigobauern auf die Fahnen und drängte die Menschen dazu, seinem Beispiel zu folgen und nur noch ungefärbte Kleidung zu tragen. 30 Jahre später warf dieser schmächtige, in ein Bettlaken gehüllte Bursche die Briten aus Indien hinaus.

Ex und Hopp

Einer der zahlreichen synthetischen Farbstoffe, die aus der Farbstoff-Besessenheit der deutschen Industrie im ausgehenden 19. Jahrhundert hervorgingen, war Phenolphtalein, eine chemische Verbindung, die Flüssigkeiten ein intensives Purpurrot verleiht. Als in den ersten Jahren des 20. Jahrhunderts in Ungarn eine verheerende Seuche die Weinernte zunichtemachte, blieb den Winzern nichts anderes übrig, als neue Rebsorten einzuführen, um die Verluste auszugleichen und wenigstens die Nachfrage im eigenen Land zu decken. Die importierten Rebsorten waren jedoch heller und ergaben nicht die blutrote Färbung, für die ungarischer Wein berühmt ist; also gab man Phenolphtalein zu. Bis dahin hatte niemand in Erwägung gezogen, diesen Stoff als Lebensmittelzusatz zu verwenden, und daher war auch niemand auf die Folgen vorbereitet – weshalb fast ganz Ungarn von einer furchterregenden Durchfallepidemie erfasst wurde.

Der ungarische Auswanderer Max Kiss († 1967) las zu Hause in Brooklyn in der Zeitung von diesen Vorgängen, vermischte daraufhin den Farbstoff mit Schokolade und brachte ein freiverkäufliches Abführmittel heraus, das er zunächst Bo-Bos nannte. Kurz darauf las er wieder Zeitung, diesmal einen Bericht über eine verbitterte Debatte im Országház – dem ungarischen Parlament –, und dabei fiel ihm der Ausdruck »ex-lax« auf, im Ungarischen der verkürzende umgangssprachliche Begriff für eine ausweglose politische Situation. Das war perfekt: eine Blockade, auch wenn sie politischer Natur war, und ein Ausdruck, der an »exzellentes Laxativum« denken ließ. Kiss taufte sein Produkt sofort um. Es ist noch heute auf dem Markt, allerdings wurde das synthetische Phenolphtalein schon vor Längerem durch natürliche Sennablätter ersetzt.

Die gelbe Gefahr

Die künstliche Herstellung gelber Farbstoffe bringt ihre ganz eigenen Probleme mit sich – bei manchen Versuchen wären die Beinahe-Erfinder fast haushoch in die Luft geflogen. Dem Iren Peter Woulfe (1727–1803) gelang als Erstem die Synthese von Pikrinsäure. Er gewann sie aus natürlichem Indigo und verwendete Salpetersäure zur Extraktion. Pikrinsäure erwies sich nicht nur als äußerst effektiver gelber Farbstoff, sondern zeigte auch antiseptische Eigenschaften – so wurde die Färbemittelindustrie zur Vorläuferin der pharmazeutischen Industrie.

Der explodierende Kuchen

Die Salze der Pikrinsäure galten schon früh als explosive Stoffe, aber niemand kam auf den Gedanken, die Pikrinsäure selbst könnte in dieser Hinsicht zu irgendetwas nutze sein, bis 1873 der deutsche Chemiker Hermann Sprengel (1834–1906) etwas davon durch die von ihm entworfene Vakuumpumpe schickte und dadurch die Entwicklung von Sprengstoffen vorantrieb. Die Sprengel-Pumpe war so effizient, dass sie in einem beliebigen geschlossenen Raum die Luft auf ein Millionstel der Ausgangsmenge reduzieren konnte, was übrigens Edison ermöglichte, Glühbirnen mit Glühfaden herzustellen.

Pikrinsäure wurde oft bei der Produktion von Waffen und Munition verwendet, und dass ihre Salze so hochexplosiv waren wie vermutet, erwies sich 1916 durch einen Zufall. Im Industriehafen von La Rochelle zerbrach ein Fass mit Pikrinsäure, woraufhin sich der Inhalt über den Boden ergoss und sich dabei verdickte und verfestigte. Als ein Unglücksrabe von Hafenarbeiter dem so entstandenen stoßempfindlichen »Kuchen« versuchsweise einen Tritt versetzte, raffte die darauffolgende Explosion 170 Arbeiter dahin.

Die Kanarienmädchen

Der Ausflug von Julius Wilbrand (1839–1906), Sohn des Gerichtsmediziners Franz Joseph Julius Wilbrand (1811–1894), in die wunderbare Welt der Farbstoffe war ebenfalls recht explosiv. Auch er war auf der Suche nach einem schmucken gelben Farbstoff, als er 1863 auf eine Verbindung namens Trinitrotoluol stieß. Dessen Farbe war zwar ganz hübsch, aber weil es sich nur schwer fixieren ließ und schnell wieder ausblich, verräumte Wilbrand es in die hintersten Regale. Als er rund 20 Jahre später die Schränke und Lagerräume seines Labors einem gründlichen Frühjahrsputz unterzog, landeten auch ein paar der alten Behälter mit dem gelben Farbstoff im Feuer. Das brachte so manches Trommelfell zum Platzen – Trinitrotoluol kennen wir heute als TNT. Zur Zeit des Ersten Weltkrieges war es bei den Militärs sehr beliebt, da es extrem stabil war und erst bei Temperaturen über 240 °C hochging – dafür war dann eine Sprengkapsel nötig. Es ließ sich in den Fabriken wie Suppe aufkochen und anschließend in Granaten abfüllen. Die Rüstungsarbeiterinnen, die das erledigten, fielen schon bald dem ursprünglich beabsichtigten Verwendungszweck des Stoffes zum Opfer: Sie nahmen nicht nur eine recht attraktive Gelbfärbung an, weshalb sie Kanarienmädchen genannt wurden, sondern die rothaarigen unter ihnen mussten auch noch zusehen, wie sich ihr Haar grün färbte. Einige der wagemutigeren färbten sich mit TNT die

Haare in Richtung blond. (Heute wird blond gefärbtes Haar ebenfalls grün, wenn es in einem Schwimmbad mit Chlor in Berührung kommt.) Über lange Zeit hinweg dieser Substanz ausgesetzt zu sein, war allerdings kein Spaß: Schädigungen des Blutes sowie Beeinträchtigungen der Funktionen von Milz und Leber wie auch des Immunsystems waren die Folge.

Senfgas

Senfgas wurde zuletzt nachweislich in den 1980er Jahren von Saddam Hussein gegen die Kurden eingesetzt, vermutlich aber auch Ende der 1990er Jahre von der sudanesischen Regierung gegen Aufständische; es ist zwar schon ein wenig in die Jahre gekommen, doch erfüllt es noch immer auf abscheulich effektive Weise seinen Zweck. Es enthält allerdings weder Senf, noch ist es ein Gas; Senfgas ist flüssiges Chlorethylsulfid, das, ähnlich wie Parfüm, in zerstäubter Form ausgebracht wird, und zwar von Granaten, Raketen oder auf ganz »altmodische« Weise von Bomben. Erstmals wurde es während des Ersten Weltkriegs verwendet; dieser Einsatz ist bis heute der vermutlich bekannteste.

Senfgas (auch Lost genannt) wurde bereits 1822 durch einen Zufall entdeckt, und zwar von César-Mansuète Despretz (1791–1863), der in philantropischer Absicht die Wechselwirkungen von Schwefeldichlorid und Äthylen untersuchte, um ein Mittel zu entwickeln, die ärmeren Weltregionen von Heuschrecken zu befreien. Glücklicherweise befand er, dass das Ergebnis seiner Experimente für einen Einsatz zu giftig und zersetzend war, sonst hätte er diese Regionen vielleicht von sich selbst befreit. Andere führten seine Arbeit jedoch fort, etwa der Brite Frederick Guthrie (1833–1886), der 1860 mit dem Stoff experimentierte, und Victor Meyer (1848–1897), der 1886 einen Aufsatz veröffentlichte, nachdem er Chlorethanol mit einer wässrigen Lösung von Kaliumsulfid versetzt und die Mischung noch mit einem Schuss Phosphortrichlorid aufgemöbelt hatte. Großzügig wie er war, hatte Meyer das Resultat an einem seiner Assistenten erprobt, der daraufhin schreiend durch die Gegend rannte, was Meyer ziemlich weibisch und etwas übertrieben fand. Doch nachdem er mit der Mixtur ein paar Kaninchen umgebracht hatte, änderte er seine Meinung.

Eine tödliche Mischung

Der entscheidende Schritt erfolgte 1913, als der englische Chemiker Hans Thacher Clarke (1887–1972), der in Berlin bei Emil Fischer (1852–1919) arbeitete, das Phosphortrichlorid durch Salzsäure ersetzte. Die so entstandene Mixtur stellte er zunächst beiseite und widmete sich anderen Projekten. Als er sie einige Zeit später aus dem Regal nahm, um sie zu entsorgen, rief ihm vom anderen Ende des Labors jemand etwas zu, woraufhin er den Behälter fallen ließ und so beinahe sich selbst und alle anderen im Raum umgebracht hätte. Während Clarke in höchster Eile ins Kranken-

Plakat des Chemiewaffendienstes der US-Armee von 1915

haus gebracht wurde, wo er fast drei Monate bleiben musste, sprach Fischer, der den Vorfall beobachtet hatte, schon am Telefon mit seinen Verbindungsleuten in der deutschen Armee, und noch bevor Clarke wieder auf den Beinen war, liefen deren Fließbänder auf Hochtouren.

Die deutsche Armee setzte Senfgas erstmals im Oktober 1917 bei Ypern ein, und von da an wurde es auf beiden Seiten verwendet. Gegen Ende des Krieges stellten die Ärzte bei zurückkehrenden Soldaten, die an der Front dem Gas ausgesetzt gewesen waren, immer häufiger bestimmte Nebenwirkungen fest. Unter anderem führte es zu einem massiven Rückgang der Blutproduktion.

Bomben und Geheimnisse

Der Krieg ging zu Ende, doch wurden weiterhin Fallbeispiele gesammelt, und 1942, als der Zweite Weltkrieg in vollem Gange war, experimentierten Chemiker an der Universität von Yale bereits mit dem weniger giftigen Stickstofflost und stellten fest, dass dieser bisweilen die Ausbreitung von Lymphomen in hohem Maße eindämmte. Die beiden Leiter des Forschungsprogrammes, Louis S. Goodman und Alfred Gilman, konnten allerdings niemandem davon berichten, weil ihre Arbeit unter der Ägide der US-Armee stand und daher strengster Geheimhaltung unterlag.

Dann kamen ihnen jedoch – wenn auch unbeabsichtigt – genau die Leute zu Hilfe, die mit der Sache
angefangen hatten. Generalfeldmarschall Wolfram von
Richthofen (1895–1945), ein Cousin des Roten Barons
und während der Bombardierung von Guernica im
Spanischen Bürgerkrieg bereits Stabschef der Legion
Condor, wollte den Vormarsch der britischen 8. Armee
aufhalten und beschloss daher, die Flotte der Alliierten
anzugreifen, die im italienischen Bari vor Anker lag.
Am 2. Dezember 1943 starteten über 100 Flugzeuge
vom Typ Junkers Ju 88 zu dem Luftangriff, den die
Alliierten später »Little Pearl Harbour« nannten und
bei dem der Großteil des Hafens sowie alle darin liegenden Schiffe zerstört wurden. Inmitten der Schwa-
den von beißendem Rauch war auch ein bekannter
Geruch auszumachen; manche meinten Senf zu
riechen, andere Knoblauch. Die Überlebenden des
Angriffs behielten, sehr zu ihrem Unglück, ihre Kleidung an; sie bekamen nur ein paar Decken, während
sie auf Krankenhausfluren und Sammelplätzen dicht
aneinander gedrängt standen, und schon bald stellten
die Ärzte erste Symptome fest: mit Blasen übersäte
Ödeme, Haut, die in großen Fetzen abblätterte, und
Menschen, die behaupteten, es gehe ihnen gut, und im
nächsten Moment tot umfielen. Allem Anschein nach
hatten die Deutschen Gasbomben geworfen.

Seltsame Gerüche

Die Zahl der Todesopfer unter den Soldaten und Zivi-
listen schoss immer weiter in die Höhe, die Ärzte waren
ratlos, und am 7. Dezember berief Dwight D. Eisen-
hower, damals Oberbefehlshaber der alliierten Truppen
in Europa, den Chemiewaffenexperten Oberstleutnant
Dr. Stewart F. Alexander (1914–1991) von seinem Posten
in Algerien ab und schickte ihn nach Bari, wo er die
Lage beurteilen sollte. Eine der ersten Auffälligkeiten,
die Alexander bei seiner Ankunft bemerkte, war der
Geruch von Knoblauch, von dem einige aufgeregte Be-
amte meinten, er könne daher rühren, dass die Deutschen ein Knoblauchlagerhaus bombardiert hätten. Da
der Geruch aber im Inneren des Krankenhauses inten-
siver war als draußen, kam Alexander rasch zu dem
Schluss, dass er von Senfgas stammte.

Weil niemand mit ihm sprach oder ihm nützliche
Informationen verschaffen konnte, beschloss Alexander, die Methoden der epidemiologischen Kartierung
anzuwenden, wie sie der Engländer Dr. John Snow
entwickelt hatte. Er besorgte sich Pläne des Hafens,
kennzeichnete die Lage jedes einzelnen Schiffes und
markierte mit Nadeln die Stellen, an denen die Ver-
letzten nach dem Angriff aus dem Meer geholt worden
waren oder an denen sie sich während des Angriffs an
Land befunden hatten. Als Nächstes erfasste er die Beschaffenheit der Verwundungen sowie ihre jeweilige
Verteilung auf der Haut der Opfer. Dann berechnete
er den Grad der Verletzungen mit ein und deutete

schließlich auf das Frachtschiff *John Harvey* als den
Ort, an dem die Katastrophe ihren Ausgang genommen hatte. Die für den Hafen verantwortlichen britischen Offiziere gaben prompt zu, dass die *John Harvey*
voll mit Senfgasgranaten gewesen war, als sie mit einer
riesigen Explosion in die Luft flog. Einen noch größeren Schock versetzte es Alexander zu erfahren, dass
sich die Ladung auf ausdrückliche Anweisung Eisen-
howers, also seines eigenen Chefs, dort befunden hatte,
der das Gift schnell zur Hand haben wollte, um es gegen die Deutschen einzusetzen, falls sich abzeichnete,
dass diese es selbst verwenden würden.

Ein Mittel gegen Krebs?

Einige Zeit später kursierten Gerüchte, dass an Krebs
erkrankte Einheimische auf dem Weg der Besserung
seien. Weil sich aber der größte Teil der Zivilbevölke-
rung vernünftigerweise in andere Städte geflüchtet
hatte, war das nur schwer zu überprüfen. An Leichen,
die Alexander untersuchen konnte, herrschte dagegen
kein Mangel, und jede Autopsie ließ eine massive Lym-
phopenie erkennen, also einen starken Mangel an weißen Blutkörperchen, sowie eine verringerte Aktivität
des Knochenmarks. Bei Lymphomen und bei Leukä-
mie produziert das erkrankte Knochenmark weiße
Blutkörperchen in zu großer, schädlicher Menge – warum könnte dann, dachte Alexander angesichts dieser
Befunde, dieses verdammte Senfgas nicht dazu ver-

wendet werden, solche krankhaften Zelltätigkeiten auf ein normales Maß einzudämmen?

Als später die DNA entdeckt war, wurde festgestellt, dass Senfgas darüber hinaus eine beschleunigte Zellteilung, wie sie bei wachsenden Tumoren auftritt, in hohem Maße unterdrückt oder sogar ganz blockiert, indem es den ersten Schritt der Zellteilung, die räumliche Entfaltung des Erbgutes, verhindert. All diese Erkenntnisse wurden an Goodman und Gilman in Yale zurückgemeldet, die sich nun mit der grundlegenden Frage beschäftigten, wie diese äußerst aggressive zelltötende Substanz verwendet werden konnte, um den Krebs zu besiegen, bevor dieser seinen Träger besiegte.

Das Schweigen wird gebrochen

Zum Glück für die Nachwelt war der Gott des Zufalls noch nicht fertig mit den beiden Forschern, als sie beschlossen, zunächst Tierversuche durchzuführen. Sie nahmen aufs Geratewohl eine ihrer Labormäuse und setzten ihr ein Lymphom von solcher Größe ein, dass das Tier unter normalen Umständen und ohne Behandlung innerhalb von zwei Wochen gestorben wäre. Dann injizierten sie der Maus eine Lösung mit Stickstofflost und beobachteten, wie der Tumor von Tag zu Tag schrumpfte, die Maus sich erholte und noch drei Monate am Leben blieb. Voller Aufregung weiteten sie

Die weibliche Sicht

1914 gelang es der amerikanischen Firma Kimberly-Clark, aus Zellstoff äußerst saugfähige, baumwollartige Fasern herzustellen, woraufhin sie mit den alliierten Streitkräften Verträge über die Lieferung von Einwegfiltern für Gasmasken und individuell anpassbare, sterile Wundverbände schließen konnte. Als der Krieg plötzlich vorbei war, saß Kimberly-Clark auf tausenden Tonnen dieser Produkte, bis ein kluger Kopf auf die Idee kam, die zahlreichen Briefe durchzusehen, die Krankenschwestern von der Front geschickt hatten, um sich bei der Firma zu bedanken und von »alternativen Verwendungsmöglichkeiten« zu berichten. Die Gasmaskenfilter waren offenbar hervorragend geeignet, um einem Patienten das Gesicht abzuwischen oder bei sich selbst Make-up zu entfernen, und auch als Einmaltaschentücher erfüllten sie ihren Zweck. Also packte man die Dinger einfach um und vermarktete sie unter dem Namen Kleenex. Die wattierten Wundverbände, so teilten die Krankenschwestern mit, fanden ebenfalls, jeweils zu einer bestimmten Zeit des Monats, eine alternative Verwendung. Wie alle anderen Frauen hatten die Schwestern sich vor dem Ersten Weltkrieg mit einem Stück Stoff oder einem Lumpen in der Unterwäsche behelfen müssen. Daraufhin taufte Kimberly-Clark die Wundverbände kurzerhand auf den neuen Namen Kotex und schuf so das erste derartige Produkt.

ihre Versuche aus, konnten aber den ersten Erfolg nie wiederholen. Später erklärten sie, wenn sie als erstes Versuchstier eine andere Maus gewählt hätten und diese innerhalb derselben Zeitspanne gestorben wäre wie die nachfolgenden, hätten sie das Projekt vielleicht nicht weitergeführt. Aber sie blieben hartnäckig und gingen schon bald zu Versuchen mit Menschen über, deren Ergebnisse zunächst, wie zuvor die Tierversuche, drastische Unterschiede aufwiesen. Nachdem Goodman und Gilman den Wirkstoff immer weiter verbessert und die Dosierung angepasst hatten, wurden die Ergebnisse so überzeugend, dass das Militär nicht umhinkam, den Mantel der Geheimhaltung, der über dem Programm lag, zu lüften und so zu ermöglichen, dass 1949 die amerikanische Food and Drug Administration und die entsprechenden Behörden in Europa Mustargen als ersten krebshemmenden Wirkstoff zuließen.

Noch heute, knapp 70 Jahre später, ist der Nachhall der Luftangriffe auf Bari zu hören: Auf Senfgas basierende Wirkstoffe gehören inzwischen bei zahlreichen Krebsformen zur Standardtherapie.

Penizillin

Wir wissen nicht, wer als Erster die heilende Wirkung von Schimmelpilzen entdeckt hat. Vermutlich gab es auch nicht die eine entscheidende Entdeckung, sondern man hat wohl eher zufällig bemerkt, dass Verletzte, die zur Stillung von Blutungen verschimmeltes Brot benutzten, mehr Erfolg hatten als andere, die einfach irgendetwas nahmen, das gerade zur Hand war. Aus antiker Zeit gibt es Schilderungen aus Griechenland, Serbien und Indien, die von der gezielten Verwendung von verschimmeltem Brot berichten, aber nichts lässt darauf schließen, dass die Wirkungsweise bekannt war oder bestimmte Schimmelsorten bevorzugt wurden. Dass Menschen zu medizinischen Zwecken gezielt eine bestimmte Schimmelsorte auf einem speziellen Nährboden züchten, wird erstmals aus Sri Lanka berichtet. Die Annalen erwähnen, dass im 2. Jahrhundert v. Chr. die Soldaten des Königs Dutugemunu vor jeder Schlacht kleine, auf der Basis von Öl hergestellte Kuchen beiseite stellten und die verschimmelten Resultate mit auf den Feldzug nahmen, um sie dort als Wundverband zu verwenden.

P wie Paddington

Aus den Büchern von Henryk Sienkiewicz (1845–1916)
wissen wir, dass es in Polen im frühen 17. Jahrhundert
gängige Praxis war, mit Sporen verunreinigte Spinnen-
netze heranzuzüchten und mit feuchtem Brot zu ver-
mischen, das dann als Verband benutzt wurde. In dem
historischen Roman *Mit Feuer und Schwert* (1884), der
um 1650 spielt, erzählt Sienkiewicz von diesem Verfahren. Auch zahlreiche Schriften aus dem 17. und 18. Jahrhundert berichten davon, dass Schimmelpilze zur
Behandlung von Infektionen verwendet wurden. Die
erste wissenschaftlich fundierte Erwähnung aus der
Zeit vor Alexander Fleming stammt aus dem Jahr 1809,
als der deutsche Naturwissenschaftler Heinrich Friedrich Link (1767–1851) in einem Aufsatz nicht nur den
Namen Penicillium prägte – vom lateinischen *penicill-
lus* (= Pinsel), eine Anspielung auf die Struktur des
Schimmels, die einem Farnwedel ähnelt –, sondern
auch drei unterschiedliche Arten beschrieb: *P. can-
dium*, *P. expansum* und *P. glaucum*.

In England notierte im Jahr 1871 Sir John Scott
Burdon-Sanderson, Gesundheitsdezernent im Londo-
ner Stadtteil Paddington – dieser Ortsname zieht sich
wie ein roter Faden durch diese Geschichte –, dass
Penicillium sich hemmend auf das Wachstum von
Bakterien auswirkt. Im selben Jahr zog sich eine Kran-
kenschwester vom King's College Hospital bei ihrer
Arbeit eine Infektion zu, die sich mit antiseptischen

Mitteln nicht heilen ließ, weshalb man zu einer anderen Methode griff. Als die Frau genesen war und mit dem Oberarzt über ihre Erkrankung sprach, erklärte dieser ihr, dass sie mit einem Stoff namens Penicillium behandelt worden war.

Auf der anderen Seite des Ärmelkanals legte 1897 Ernest Duchesne (1874–1912), ein junger Sanitätsoffizier der französischen Armee, seine Doktorarbeit mit dem Titel *Der Antagonismus zwischen Schimmel und Mikroben* vor. Die Idee zu dieser Arbeit war ihm gekommen, als ihm auffiel, dass die arabischen Stalljungen der Armee die Sättel stets an einem möglichst dunklen und feuchten Ort aufbewahrten, damit sich auf der wattierten und gepolsterten Unterseite Schimmel bildete. Als Duchesne sie nach dem Grund für dieses Vorgehen fragte, erklärten sie ihm, dies sei eine traditionelle Methode aus ihrer Heimat, und wundgescheuerte Stellen auf dem Rücken der Pferde heilten durch den Schimmel ganz von selbst. Duchesne nahm Proben von dem Schimmel, infizierte eine Gruppe von Ratten mit verschiedenen Krankheiten, darunter auch Typhus, spritzte einigen zufällig ausgewählten Tieren *Penicillium glaucum* und es zeigte sich, dass diese jeweils als einzige die Versuche überlebten. Weil Duchesne noch sehr jung und völlig unbekannt war, wollte das Pasteur-Institut seine Schrift nicht einmal annehmen – und all das zu einer Zeit, als in England Alexander Fleming (1881–1955) noch in kurzen Hosen herumlief.

Im Land, wo die Zitronen blühn

Fleming hatte im Ersten Weltkrieg in Feldlazaretten in Nordfrankreich gedient und mit ansehen müssen, dass allein durch Infektionen zahllose Menschen umkamen – rund die Hälfte der 10 Millionen Opfer dieses Krieges starb nicht durch Gewehrkugeln oder Gas, sondern an den unterschiedlichsten Krankheiten und Infektionen. Dies veranlasste Fleming zu einer Art persönlichem Kreuzzug gegen Bakterien im Allgemeinen. In diesem Entschluss wurde er noch durch die Grippeepidemie von 1918 bekräftigt, die in nur sechs Monaten doppelt so viele Opfer dahinraffte wie zuvor der Krieg.

1923 lenkte der Zufall Fleming zum ersten Mal in die richtige Richtung, indem er ihm eine saftige Erkältung verpasste, als er im Labor des St. Mary's Hospital in Paddington einige Bakterienkulturen untersuchte. Während Fleming über seinen Labortisch gebeugt saß, tropfte es aus seiner Nase in eine der Petrischalen, woraufhin er fluchend und sich schnäuzend den Raum verließ. Als er zurückkehrte, stellte er erstaunt fest, dass sich an der Stelle, auf die der Tropfen gefallen war, keine Kultur mehr befand. Zur Überprüfung drückte Fleming sich ein Nasenloch zu und pustete aus dem anderen in eine zweite Schale, die im Handumdrehen ebenfalls frei von Bakterien war, wenn auch nun mit einem gesprenkelten Muster überzogen. Er rief seinen Assistenten V. D. Allison herbei und wiederholte die Prozedur, an die Allison sich so

erinnert: »Zu unserer Überraschung war die opake
Suspension nach weniger als zwei Minuten so klar wie
Wasser.« Fleming hatte soeben Lysozym entdeckt,
einen natürlich vorkommenden antibakteriellen Wirkstoff, der sich in Tränenflüssigkeit, Speichel und Na-
senschleim findet. Er setzte die Experimente fort, und
weil er Tränen für die bessere Lysozym-Quelle hielt,
wurde Allison zu augenaufreibender Pflicht zwangs-
rekrutiert: »In den nächsten fünf Wochen lieferten
hauptsächlich unsere Tränen das Material für die Experimente. Um all diese Tränen hervorzubringen,
mussten wir unglaubliche Mengen an Zitronen besor-
gen. Wir schnitten kleine Stückchen aus der Schale,
drückten sie uns in die Augen […] und nahmen dann
die Tränen mit einer Pipette auf.« (Die beiden waren
fraglos ziemlich kluge Männer – aber warum sind sie
nicht auf die Idee gekommen, ein paar Zwiebeln zu
schälen?) Das Glück kommt, so wie der Blitz, nur selten
zweimal auf dieselbe Stelle nieder, aber mit Paddington
war der Gott des Zufalls noch nicht fertig.

Die Erforschung fremder Kulturen

Der nächste Schritt in dieser Geschichte ergab sich aus
einer Verkettung diverser Umstände: Flemings notorische Unordentlichkeit und schlampige Arbeitsweise,
sein Pennälerhumor, seine künstlerische Ader und die
geradezu aberwitzig zufällige Verunreinigung einer

der zahlreichen Proben, die er zu sterilisieren vergessen hatte, bevor er in Urlaub fuhr.

Staphylokokken entwickeln im Laufe der Zeit unterschiedliche Färbungen, je nachdem, welchem Stamm sie angehören, und Fleming fertigte in seinen Petrischalen gern kleine Gemälde an – angeblich ist ihm einmal sogar die britische Flagge gelungen. Als er im Juli 1928 sein Labor verließ, um in Urlaub zu fahren, war sein Tisch noch übersät mit all dem Krimskrams, den er für seine Forschung brauchte, darunter etwa 40 Petrischalen, in denen sich noch Kulturen befanden. Als er am 3. September zurückkam, sammelte er die Schalen ein, um sie zu sterilisieren, und warf sie in einen Eimer, wo er sie mit Desinfektionsmittel übergießen wollte. Einem Impuls folgend griff er wahllos eine der Schalen heraus, um nachzusehen, ob sich dort irgendein interessantes Muster gebildet hatte, entdeckte aber stattdessen einen Schimmelfleck, um den herum sämtliche Bakterien verschwunden waren. Wie sich herausstellte, handelte es sich bei dem Schimmel um die ziemlich seltene Art *Penicillium notatum*. Die Spur führte in das Labor des darunterliegenden Stockwerks, in dem mit Schimmel aus den Wohnungen von Asthmapatienten experimentiert wurde, um Wege zu finden, die Betroffenen zu desensibilisieren. Eine einzelne Spore musste von dort entwischt, durchs Treppenhaus geflogen und schließlich in Flemings Labor gewandert sein, wo sie sich auf genau der Schale niedergelassen hatte, die er zufällig aus dem Haufen zog.

Schimmel, der Gold wert ist

Nun könnte man erwarten, dass die Sache damit erledigt war: Der Spürhund Fleming hat den Stein der
Weisen gefunden, dem er seit dem Ersten Weltkrieg
hinterherjagt – aber nein. Im Gegensatz zur landläufi-
gen Meinung ging in Flemings Oberstübchen nie ein
Licht an. Er fand diese Gabe des Zufallsgottes interessant, mehr aber auch nicht. In der Folge experimentierte er noch eine Weile mit dem Schimmel herum,
stellte jedoch fest, dass er sich nur mit Mühe erzeugen
und überhaupt nicht stabilisieren ließ, und entschied
am Ende, dass Schimmel im Kampf gegen Infektionen
bei Menschen nutzlos war. Fleming beschäftigte sich
daraufhin mit anderen Dingen, doch 1939, also etwa
zehn Jahre später, stieß der jüdische Biochemiker Ernst
Boris Chain (1906–1979), der aus Nazi-Deutschland in
die beschauliche Abgeschiedenheit von Oxford geflo-
hen war, beim Durchforsten archivierter Aufzeichnungen auf Notizen über Fleming und dessen grundsätzlich
indifferente Haltung gegenüber *Penicillium*. Irgendetwas setzte sich in Chains Gedanken fest, und als er
mit dem Australier Howard Florey (1898–1968) vom Institut für Pathologie der Universität Oxford zusammen-
arbeitete, wiederholten sie die flemingschen Experimente. Sie konnten seinen Ergebnissen nicht zustimmen,
ahnten aber beide, dass dieser Schimmel Gold wert war.

Zu Flemings Ehrenrettung muss jedoch gesagt werden, dass die Labore in Oxford weitaus besser ausge-

stattet waren als die in Paddington, weshalb es Florey und Chain innerhalb von zwei Jahren gelang, den Schimmelpilz zu isolieren, zu konzentrieren und in so reiner Form darzustellen, dass sie zu Tierversuchen übergehen konnten. Dabei griff abermals der Zufall ein. Florey und Chain hatten zwei Meerschweinchen bestellt, bekamen aber, weil Meerschweinchen am Institut gerade aus waren, Mäuse geliefert. Unbeirrt begannen sie mit den Versuchen, verabreichten den Mäusen tödliche Mengen von Streptokokken und behandelten sie dann erfolgreich mit Penizillin aus ihrer ersten experimentellen Charge. Was sie dabei nicht wissen konnten: Für Meerschweinchen ist Penizillin das reinste Gift. Hätte man ihnen also Meerschweinchen geliefert, wären diese an dem Heilmittel zugrundegegangen und die beiden Forscher hätten wohl die Wirksamkeit von Penizillin grundsätzlich infrage gestellt. Das Beste an der Sache war, dass der Urin der beiden Mäuse mit dem überschüssigen Penizillin der Injektionen gesättigt war – eine Maus ist ziemlich klein für eine Dosis, die eigentlich für ein Meerschweinchen bestimmt ist –, was den Beweis dafür lieferte, dass der Wirkstoff sich überall verteilte und Infektionen in allen Regionen des Körpers bekämpfen konnte.

Die ersten Patienten

Weitere Tierversuche in größerem Ausmaß folgten, und im Januar 1941 sahen sich Chain und Florey gerüstet für Versuche mit Menschen. Die erste Versuchsperson war eine Frau – ihr Name ist nicht überliefert –, die an Krebs im Endstadium litt und sich bereit erklärte, den Wirkstoff hinsichtlich seiner Toxizität bei Menschen zu testen. Sie zeigte zwar negative Reaktionen, doch dies lag nachweislich an der Unreinheit der verwendeten Probe und nicht am Medikament selbst. Nachdem gesichert war, dass das Medikament nicht toxisch wirkte, folgte der nächste Versuch, diesmal mit dem Polizisten Albert Alexander (1897–1941), der durch einen einfachen Kratzer im Gesicht, den er sich beim Rosenschneiden zugezogen hatte, eine kapitale Blutvergiftung entwickelt hatte. Am 12. Februar 1941 verabreichte Florey ihm intravenös 200 Einheiten, worauf sich Alexanders Zustand schlagartig besserte. Weil aber nicht ausreichend Penizillin zur Fortführung der Behandlung verfügbar war, starb er drei Tage später. Dies sorgte im Team von Florey und Chain zwar für einige Entmutigung, aber wenigstens stand nun fest, dass ein Durchbruch geschafft war. Jetzt stellte sich nur noch das Problem, wie der Wirkstoff in großen Mengen hergestellt werden konnte.

Über den großen Teich

Das Team benutzte zunächst eine abenteuerliche, selbst gebastelte Apparatur, in der der Schimmel in alten Bettpfannen heranwuchs. Weil aber die einheimische Pharmaindustrie nur mäßiges Interesse zeigte, entschied sich Florey, nach Amerika zu gehen. Ungeachtet des Risikos, dass seine Proben den Deutschen in die Hände fallen könnten, flog er nach Lissabon, wo es trotz der Neutralität Portugals nur so von Spionen und Agenten wimmelte, und von dort aus weiter nach New York, wo er freundlich empfangen und an das Institut für Ackerbau in Peoria, Illinois weitergeschickt wurde.

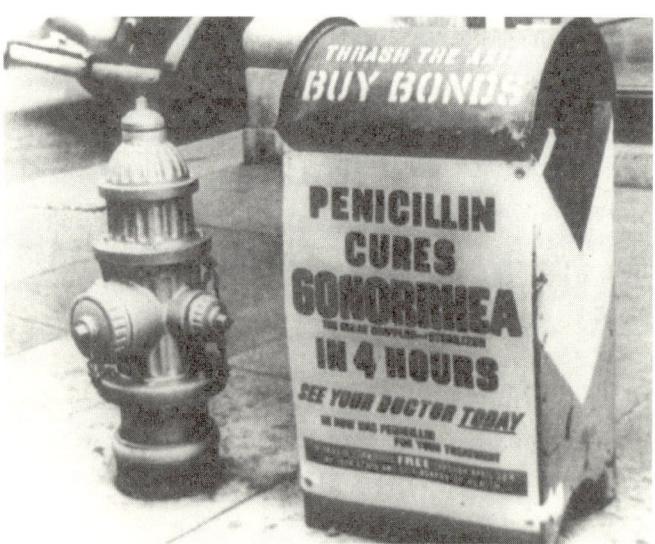

»Penizillin heilt Gonorrhoe« – ein Ratschlag für
Soldaten im Zweiten Weltkrieg

Dort begegnete er Robert Coghill (1901–1997) sowie, was weitaus folgenreicher war, dem Mikrobiologen Andrew J. Moyer (1899–1959), einem in Vergessenheit geratenen Helden dieser Geschichte. Coghill und Moyer leiteten die Abteilung für Fermentation, wo sie nach einer Verwendung für die Millionen Liter der klebrigen Masse suchten, die bei der Herstellung von Stärkemehl als Nebenprodukt abfiel. Florey machte sich an die Arbeit und stellte fest, dass auf diesem unglaublich fruchtbaren Nährboden 900 Einheiten je Milliliter gediehen, während der beste Nährstoff, den sie in Oxford gefunden hatten, ganze zwei Einheiten je Milliliter hergab.

Die Glücksmelone

Der wichtigste glückliche Zufall dieser Geschichte sollte aber erst noch kommen. Moyers Assistentin Mary Hunt kam eines Tages mit einer Cantaloupe-Melone ins Labor, die sie auf dem Markt gekauft hatte, und zwar nur, weil diese mit einem auffälligen goldenen Schimmel überzogen war, den Mary so noch nie gesehen hatte. Sie hatte ganze Arbeit leisten müssen, um die Melone zu erstehen. Weil die Leute nicht glauben sollten, er verkaufe verfaultes Obst, wollte der Händler die Melone wegwerfen und Mary eine frische geben – und zwar gratis! Aber Mary ließ sich nicht unterkriegen, entriss dem verzweifelten Händler das Kleinod und brachte es schnurstracks zu Moyer.

Der Pechvogel

Die Geschichte des Penizillins hat noch einen weiteren vergessenen Helden: James Twomey, ein Arzt aus Kanturk im irischen County Cork, der in den 1920er Jahren in Attercliffe praktizierte, einem Stadtteil des englischen Industriezentrums Sheffield. Die jüngste Forschung hat ergeben, dass er regelmäßig Penizillin auf eigene Faust kultivierte und verabreichte, bisweilen mit beachtlichem Erfolg. Ob es sich dabei um ein Volksheilmittel handelte, das er aus seiner irischen Heimat mitgebracht hatte, oder um das Ergebnis eigener Bemühungen, werden wir nie erfahren. Vielleicht wusste Twomey schon von Flemings Arbeiten, als er 1938 nach London reiste und dort auf der Straße zusammenbrach – nur einen Steinwurf vom St. Mary's Hospital in Paddington entfernt, wo Fleming an seinem Labortisch saß. Kaum bei Bewusstsein und unfähig zu sprechen, starb Twomey dort am 17. Mai in dem Gebäude, in dem er ein Heilmittel hätte bekommen können, wenn er nur darum hätte bitten können.

Dieser kultivierte die neue goldene Schimmelart, experimentierte mit ihr auf dem Nährboden aus Getreidesirup, fügte Milchzucker hinzu und konnte so den Ertrag um das Zwanzigfache steigern. Nur dank Moyers Leistung hatten die Alliierten rechtzeitig zur Landung in der Normandie knapp 3 Millionen Einheiten Penizillin zur Verfügung, wodurch Todesfälle und

Amputationen um über 15 Prozent verringert werden konnten.

Als Chain und Florey in Oxford den Wirkstoff zum ersten Mal herstellten, war er noch unerschwinglich. Moyer konnte den Preis auf unter 20 Dollar je Einheit senken und 1946 lag er aufgrund verbesserter Verfahren bei nur noch 50 Cent. 1945 erhielten Fleming, Chain und Florey gemeinsam den Nobelpreis für Medizin, während Moyer nicht einmal in der Laudatio erwähnt wurde. Zahlreiche Stimmen kritisierten die Vergabe des Preises an Fleming, da er ihn von den dreien am wenigsten verdient habe.

Katzenaugen

Die meisten Tiere, die nachts oder in der Tiefsee jagen, verfügen über ein Tapetum, eine stark reflektierende Gewebeschicht hinter der Netzhaut, die einfallendes Licht durch die Stäbchenzellen zurückwirft. Dadurch wird jedes wahrgenommene Bild verdoppelt und so die Nachtsichtigkeit verstärkt. Die Tatsache, dass auch Katzen ein Tapetum besitzen, hat schon tausende Leben gerettet.

Alkohol am Steuer

Der Engländer Percy Shaw (1890–1976), ein leidenschaftlicher Tüftler und leidlicher Geschäftsmann, pflegte sich auf seinen Rückfahrten vom Pub an den Straßenbahnschienen zu orientieren: Scheinwerfer auf den glänzenden Stahl ausrichten, dann kann nichts passieren. Doch eines Tages wurde der Straßenbahnverkehr eingestellt und die Gleise entfernt, wodurch die weniger trinkfreudigen Einwohner Shaw und seinesgleichen ausgeliefert waren. Nachdem er sich eines Abends im Oktober 1933

im Old Dolphin Hotel in Clayton Heights am Yorkshire
Ale gütlich getan hatte, fuhr er – ohne Schienen als Ori-
entierungshilfe und sich auf einem geraden Straßenab-
schnitt wähnend – durch dichten Nebel heim in Richtung Halifax, als das Scheinwerferlicht plötzlich auf die
Augen einer Katze fiel, deren leuchtendes Tapetum ihm
eine unmittelbar drohende Gefahr anzeigte. Er stieg aus
und stellte fest, dass er nicht nur auf der falschen Stra-
ßenseite gefahren war, sondern dass hinter der niedrigen
Mauer, auf der die Katze saß, ein steiler Abhang lag, der
sein sicheres Ende bedeutet hätte.

Shaw war schlagartig wieder nüchtern, fuhr nach-
denklich weiter und als er zu Hause ankam, hatte er die
fixe Idee, dass ein Ersatz für die Schienen gefunden werden musste, um die Sicherheit der Autofahrer zu gewähr-
leisten, die nachts betrunken unterwegs waren. Am
nächsten Abend zog er los und »besorgte« sich einige der
mit Reflektoren besetzten Pfosten, wie sie damals zur
Straßenbegrenzung verwendet wurden, erkannte aber
rasch, dass deutlich robusteres Material vonnöten war,
wenn die auf dem Asphalt aneinandergereihten Katzenaugen das Gewicht des Verkehrs aushalten sollten. Und
wie konnte sichergestellt werden, dass sie dauerhaft sauber
blieben und nicht an Leuchtkraft einbüßten? All diese
Problemchen hatte er schon bald mit der heute noch ge-
bräuchlichen Konstruktion aus einem gusseisernen So-
ckel und einer Hartgummikappe gelöst, deren Reflektor
von den eingebauten Wischern gereinigt wird, wenn sie
von darüberrollenden Fahrzeugen niedergedrückt wird.

Eine gusseiserne Idee

Für den ersten Einsatz seines neuen Produkts im April 1934 trug Shaw die Kosten selbst. Er installierte über 50 Katzenaugen an der Kreuzung Drighlington Crossroads in Bradford, wodurch diese notorische Gefahrenstelle sicherer wurde. (Im Internet findet sich ein Verweis auf einen gewissen Jean Neuhaus, der im März desselben Jahres im Auftrag der Stadtverwaltung von Harborough seine »Follsain Glowworms« verlegt haben soll. Wenn das stimmt, hat er Shaw um Haaresbreite geschlagen.) 1937 erkannte auch das Transportministerium die Vorteile erhöhter reflektierender Straßenmarkierungen und führte Versuche mit verschiedenen Modellen durch, die jedoch bis auf die rühmliche Ausnahme von Shaws Katzenaugen alle innerhalb kürzester Zeit versagten, brachen oder vom Verkehr aus der Halterung gerissen wurden. Keiner von Shaws Nachahmern lieferte dieselbe Qualität wie er. Shaw, ein echter Yorkshireman, verließ sich nur auf Gusseisen und hochwertigstes Gummi. Niemals sparte er an der Qualität, um schnellen Gewinn zu machen.

Shaw verdiente ein Vermögen und hätte noch mehr verdienen können, wenn er die Produktion ins Ausland verlagert hätte, aber er misstraute Leuten aus dem Ausland, das in seinen Augen gleich hinter der Grenze von Yorkshire anfing. Die gesamte Produktion blieb zu seinen Lebzeiten in Yorkshire, wo Shaw auch sein recht

seltsames Privatleben führte. Er wohnte in einem
geräumigen Haus und lehnte Vorhänge ab, die seiner
Ansicht nach nur Staubfänger waren und ihm die Sicht
auf die Landschaft nahmen. Ebenso wenig duldete er
Läufer und Teppiche, und in seinem Wohnzimmer liefen pausenlos mehrere Fernseher. Einer zeigte BBC
One, einer BBC Two, einer ITV und ein vierter diente
als Ersatz, falls einer der anderen kaputtging. Wenn ihn
etwas interessierte, stellte er das entsprechende Gerät
eine Weile laut und schaltete es dann wieder so stumm
wie die anderen. Er mochte die Frauen, doch keiner
brachte er genug Vertrauen für eine Heirat entgegen.

Percy Shaw überwacht die Produktion in seiner Fabrik
in Boothtown, Halifax (1958)

Der Mikrowellenofen

Eines Tages im Sommer 1945 bereitete Percy LeBaron Spencer (1894–1970), Chefingenieur des US-amerikanischen Rüstungs- und Elektronikkonzerns Raytheon, für den Besuch hochrangiger Militärs die Präsentation einer neuen Radaranlage vor. Weil er spät dran war und ihm keine Zeit mehr für die Kantine blieb, holte er sich nur einen Schokoriegel, doch zum Glück für die Nachwelt blieb ihm selbst dieser kleine Genuss versagt, da die Besucher bereits eingetroffen waren und er seinen Snack flugs in die Tasche seines Laborkittels stecken musste. Als die Magnetfeldröhre der Anlage angeschaltet wurde, bemerkte Spencer, wie sich auf seiner Hose ein peinlicher Fleck ausbreitete, woraufhin er verlegen den Raum verließ und feststellte, dass der Schokoriegel nicht nur geschmolzen war, sondern regelrecht gekocht hatte – er war noch ganz warm. Nachdem die Gäste, beeindruckt von der eigentlichen Funktion der Anlage, wieder gegangen waren, kehrte Spencer mit einer Tüte Popcorn in sein Labor zurück, stellte sie vor die Magnetfeldröhre und schon bald zischten die Körner kreuz und quer durch den Raum. Für den nächsten Versuch, von dem er glaubte, er würde weniger turbulent ausfallen, legte er ein Ei vor das Gerät und wartete ab. Einem neugierigen Kollegen, der vorbeikam und fragte, was er da mache, antwortete Spencer, er versuche, ein Ei ohne Wasser zu kochen. Interessiert trat der Kollege näher heran, als das Ei explodierte und den beiden Wissenschaftlern verschmierte Gesichter bescherte.

Das Radarange

Am 8. Oktober 1945 meldete die Firma das Patent auf den Mikrowellenofen an und gab dem Gerät den eigenwilligen Namen Radarange. Die ersten Modelle waren so groß wie ein Kühlschrank, erforderten Installationsarbeiten zur Kühlung der schweren Bauteile und – was das Entscheidende war – kosteten über 3000 Dollar (das wären heute ungefähr 39 000 Euro). Der damalige Chef von Raytheon, Charles Francis Adams IV. (1910 bis 1999), hatte einen solchen Ofen in seiner weitläufigen Villa stehen. Das Gerät blieb jedoch ungenutzt, weil die Köchin protestierte und sagte, sie wolle mit diesem verdammten Ding nichts zu tun haben.

In Amerika ließen Verkaufserfolge lange auf sich warten, obwohl immer kleinere Geräte zu immer niedrigeren Preisen auf den Markt kamen. In den 20 Jahren nach der Patentierung von Spencers Erfindung wurden im ganzen Land gerade einmal 11 000 Mikrowellenöfen verkauft. Das Problem lag darin, dass die Amerikaner ihre Steaks, Burger und Kartoffeln scharf angebraten wollten, und dazu andere Gerichte, die ein Mikrowellenofen bis heute nicht hervorzaubern kann.

Die japanische Küche eignete sich dagegen ideal für die neue Technologie, und 1961 machte die japanische Eisenbahngesellschaft den ersten Schritt und ließ in sämtlichen Bahnhöfen und Zügen die Speisen in Mikrowellenöfen von Toshiba zubereiten. Auch Straßenverkäufer wärmten vorbereitete Gerichte mit den neuen Geräten auf und so wurden schon bald 300 000 Stück pro Jahr verkauft. In den 1970er Jahren war der Absatz in Japan auf 1,5 Millionen pro Jahr hochgeschossen, während in Amerika mit Mühe 250 000 erreicht wurden.

Darwin – ein Reisender auf Zufallswegen

Unter all den zufälligen Entdeckungen, Erfindungen und Fortschritten des Geistes gehören die Ereignisse, die Charles Darwin (1809–1882) zu seinen Erkenntnissen geführt haben, sicherlich zu den berühmtesten. Wir sollten uns jedoch über einige Dinge im Klaren sein: Evolutionstheorien waren zu Darwins Zeit nichts Neues. Schon die Philosophen der griechischen Antike hatten derlei Überlegungen angestellt, und neben anderen bekannten Gelehrten hatte auch Darwins Großvater Erasmus Darwin (1731–1802) zahlreiche Aufsätze dazu verfasst. Während der Reise auf der HMS *Beagle* beschäftigte sich Charles Darwin meist mit anderen Dingen, und auf den Galapagosinseln hatte er keineswegs einen Geistesblitz, wie gemeinhin geglaubt wird. Vielmehr ignorierte er bei seinem kurzen und trostlosen Besuch rundheraus, was ihm ins Auge hätte springen müssen, und er verspeiste sogar ein paar einzigartige Exemplare der Tiere, die ihn so vieles hätten lehren können. Er war eben noch sehr jung.

Wenn Sie gebeten würden, die Augen zu schließen und sich Charles Darwin vorzustellen, sähen Sie vermutlich einen ernsthaften älteren Herrn mit dichtem grauem Bart vor sich, der Sie aus seinem Sessel heraus finster anblickt – oder so etwas Ähnliches. Als die *Beagle* in See stach, war Darwin jedoch ein arg verzogener 22-jähriger Stubenhocker, dem nichts ferner lag, als zu einer wissenschaftlichen Expedition aufzubrechen, ein Anhänger traditioneller Ideen, der sich als Landpfarrer niederlassen und ein beschauliches Dasein führen wollte. Auch wurde er zu der Reise nicht als Wissenschaftler eingeladen, sondern als Tischgenosse des Kapitäns. Die Galapagosinseln interessierten ihn überhaupt nicht, und auf der Suche nach geologischen Proben ließ er die einzigartige Flora und Fauna des Archipels völlig außer Acht. (Die Mythen rund um die Darwinfinken und die Veränderung der Arten entstanden erst später.) Und abgesehen von all dem musste der Zufall tief in die Trickkiste greifen, damit Darwin überhaupt an Bord der *Beagle* ging.

Erste Anzeichen von Irrsinn

Die Geschichte beginnt mit dem flatterhaften Robert Stewart, Viscount Castlereagh (1769–1822), einem nahen Verwandten von Kapitän Robert FitzRoy (1805–1865), der später Darwin auf die *Beagle* einlud. Als der impulsive Castlereagh etlicher schwerwiegender Fehler während der napoleonischen Kriege bezichtigt wurde, forderte er den Außenminister George Canning (1770 bis 1827) zum Duell, woraufhin sich die beiden am 21. September 1809 im Park von Putney Heath gegenüberstanden. Obwohl Castlereagh überlebte, wurde er hart angegangen, weil er Cannning herausgefordert hatte. Sein Ruf war ruiniert und er sank immer tiefer in eine Depression, die erst endete, als er sich die Kehle durchschnitt. Dies waren die ersten Vorboten von Wahnsinn in der Familie. Damals galten Geisteskrankheiten als erblich, und als der junge FitzRoy sechs Jahre später auf der *Beagle* das Kommando übernahm, hatte er Castlereaghs Selbstmord noch in lebhafter Erinnerung.

Die HMS *Beagle*

Eine lange Reise

Der nächste, der unvermittelt vor das Angesicht des Herrn trat und dadurch Darwin näher an die Gangway der *Beagle* brachte, war Pringle Stokes (1793–1828), der sich als Kapitän ebendieses Schiffes am 12. August 1828 während einer Kartierungsfahrt vor der Küste Patagoniens eine Kugel durch den Kopf jagte. Daraufhin übernahm der Schiffsmeteorologe Kapitänleutnant Robert FitzRoy das Kommando. Obwohl erst 23 Jahre alt, verfügte er bereits über beste Verbindungen in die englische Gesellschaft, insbesondere ins Marineministerium. Außerdem hatten die FitzRoys durch geschickte Heiratspolitik ihr Einflussgebiet weit über die labile Familie Castlereagh hinaus bis in die reichsten und mächtigsten Familien Englands ausgedehnt. Im Sommer 1831 wurde die *Beagle* generalüberholt und neu ausgerüstet, wobei ihr wohlhabender neuer Kommandant keine Kosten scheute. So war sie vorbereitet für ihre berühmt gewordene zweite Expedition, wiederum eine Kartierungsfahrt, die sie aber deutlich weiter führen sollte: die Ostküste Südamerikas hinab, die Westküste hinauf, dann hinüber zu den Galapagosinseln, nach Tahiti und weiter nach Australien und Neuseeland. Doch die Verzweiflung saß FitzRoy bereits im Nacken; nicht nur quälte ihn die Vorstellung des in seiner Familie liegenden Irrsinns, er hatte auch erst kurz zuvor miterleben müssen, was die Einsamkeit auf einer langen Reise mit einem Kapitän anstellen kann –

und die *Beagle* sollte über zwei Jahre unterwegs sein (letztlich wurden es sogar fünf).

Junger Mann zum Mitreisen gesucht

Während der Vorbereitungen zu dieser zweiten Expedition wandte FitzRoy sich an seinen engen Freund, den Admiral Francis Beaufort (1774–1857), nach dem später die Windstärkenskala benannt wurde. Dieser sollte ihm einen geeigneten Reisegefährten vermitteln, und zwar »nicht so einen vermaledeiten Burschen, der überall Proben nimmt«, sondern einen ebenbürtigen Gesprächspartner. Beaufort wusste genau, was für einen Menschen sein Freund suchte, und sprach einige Studenten der Universität Cambridge an, doch alle hatten etwas Besseres zu tun – bis auf den ungebärdigen Charles Darwin, der anglikanischer Pfarrer werden sollte, sich aber mehr für Pferde und die Jagd interessierte. Wenn Darwin über Land zog, wurde alles zur gefährdeten Art. Zwar war er der letzte auf Beauforts Liste, doch er war gebildet und hatte dem Vernehmen nach auf dem Familiensitz in Shrewsbury keine rechte Beschäftigung. Also erreichte ihn schon bald eine schriftliche Einladung:

Wie ich höre, sucht Kap. F. keinen bloßen Steinesammler, sondern einen wahrhaften Reisebegleiter, und selbst den vorzüglichsten Wissenschaftler nähme er nicht mit an Bord, der ihm nicht ebenso sehr als ein Gentleman empfohlen worden wäre [...] Nie zuvor bot sich einem geistreichen und strebsamen jungen Mann eine so vielversprechende Möglichkeit. [...] Äußern Sie keine kleinlauten Einwände oder die Befürchtung, Sie seien nicht geeignet; ich versichere Ihnen, Sie sind genau der Mann, den man sucht.

Die Vorstellung, sein ungeratener Sohn könnte sich vor dem Studium drücken und jahrelang herumbummeln, behagte Darwins Vater ganz und gar nicht. Eine solche Reise war nicht der geordnete Lebenswandel, der sich für einen Priesterkandidaten ziemte. Also legte er sein Veto ein, was Charles allerdings kaum etwas ausmachte. Die Fahrt versprach zwar recht vergnüglich zu werden, doch galt das auch für das Dasein eines Landpfarrers in einer beschaulichen Gemeinde, denn als solcher hätte er jede Menge freie Zeit, um sich in freier Wildbahn dem Abschlachten von Gottes Geschöpfen zu widmen. Außerdem verlangte FitzRoy 500 Pfund Vorauszahlung für Kost und Logis, und wenn sein Vater dafür nicht aufkam, konnte er das Angebot ohnehin nicht annehmen. Stattdessen fuhr Charles zur Eröffnung der Rebhuhnsaison auf das Gut seines Onkels Josiah Wedgwood II. (1769–1843).

Während der Jagdstreifzüge erzählte Darwin von FitzRoys Einladung, und weil Wedgwood anders als Darwins Vater befand, dies sei eine einmalige Gelegenheit für den Burschen, setzte er tags darauf seinem Schwager derart zu, dass dieser schließlich nachgab und die erforderliche Summe herausrückte, mit der Charles sich der Expedition anschließen konnte.

Während im Hause Darwin die Meinungen auseinandergingen, hatte FitzRoy aus Ärger, dass von
dort keine Antwort kam, den Platz auf der *Beagle*
seinem Freund Harry Chester angeboten und Darwin
geschrieben, die Sache habe sich erledigt. Zum Glück
war dieser Brief noch mit der Post unterwegs und
überschnitt sich mit Darwin, der nach London reiste,
um mit FitzRoy über die Sache zu sprechen, und als
er dort ankam, hatte Harry Chester abgesagt, da eine
so lange Zeit auf See sein soziales Leben ruinieren
würde.

Der letzte Ausweg

Gleichwohl gab es noch zwei gravierende Probleme:
Darwins politische Einstellung und die Form seiner
Nase. Nicht nur war FitzRoy Anhänger der Konservativen und Darwin überzeugter Liberaler, sondern
Darwin besaß auch eine Nase, die nach Ansicht des
Hobbyphysiognomen FitzRoy eindeutig auf einen
Mangel an Willenskraft und Stärke hinwies. Doch die
Beagle sollte schon Ende September 1831 auslaufen und
vor FitzRoy stand der einzige halbwegs akzeptable
Kandidat. Es gab schlicht niemand anderen. FitzRoy
musste sich entscheiden: Darwin oder möglicherweise
Selbstmord. Also fiel die Wahl auf Darwin.

Was FitzRoy nicht wissen konnte: Der Start der Expedition sollte sich aufgrund diverser Probleme mehr-

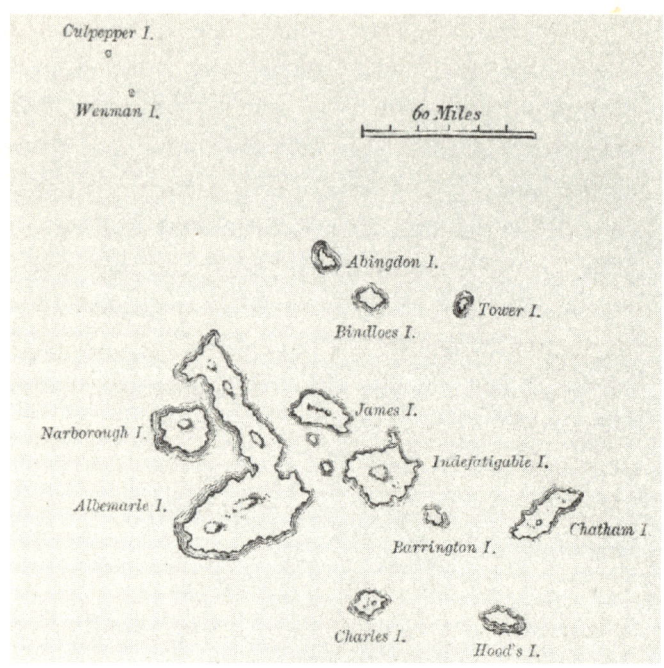

Der Galapagos-Archipel

mals verschieben – das letzte Mal, weil die Crew sich
an Weihnachten ordentlich betrank. Die Wissenschaft
kann von Glück sagen, dass niemand mit diesen Ver-
zögerungen rechnete, denn wie Darwin sich später
erinnerte, hätte FitzRoy ihn allein wegen seiner Nase
am Kai zurückgelassen, wenn er gewusst hätte, dass
ihm Zeit blieb, einen Ersatz zu suchen. Schließlich
stach die *Beagle* am 27. Dezember 1831 mit einer gründ-
lich verkaterten Besatzung in See und nahm Kurs auf

die Azoren, an Bord Dr. Robert McCormick (1800 bis 1890) als wissenschaftlicher Leiter der Expedition sowie Charles Darwin als Reisebegleiter des Kapitäns, welcher sich schon bald als ziemlich labil erweisen sollte. Auf der Reise, die drei Jahre länger dauerte als geplant, gerieten die beiden Gentlemen immer wieder in erbitterte Auseinandersetzungen, bei denen FitzRoy zunehmend launisch reagierte. Oft verließ er wutschnaubend das Speisezimmer und ließ am nächsten Tag eine unterwürfige Entschuldigung folgen.

Gestein

Die HMS *Beagle* umrundete Südamerika in der vorgesehenen Zeit und erreichte am 16. September 1835 die Galapagosinseln, wo Darwin, wie sich die meisten von uns ausmalen und Doku-Dramas im Fernsehen uns glauben machen wollen, eine Erleuchtung hatte und wie aus dem Nichts seine Evolutionstheorie entwarf, nur anhand von Belegen aus einer Tierwelt, die in einem vom Rest der Welt abgeschotteten Lebensraum ihre ganz speziellen Ausprägungen entwickelt hatte. – Nun ja, nichts könnte weiter von der Wahrheit entfernt sein.

Darwin war noch ganz in seinem traditionellen Weltbild gefangen und interessierte sich weit mehr für geologische Phänomene und Gesteinsproben als für das, was ihm während seines auffallend kurzen Besuchs auf

Rassenbeziehungen

Einen ihrer heftigsten Dispute führten FitzRoy und Darwin – zweifellos erhitzt vom Wein, den sie in beträchtlichen Mengen an Bord hatten – über die Sklaverei, der sie in Südamerika begegnet waren. FitzRoy war der Ansicht, sie entspreche der natürlichen Ordnung, während Darwin sie abstoßend fand. Das heißt aber nicht, dass Darwin ein weichherziger Liberaler war, der vor Menschenliebe nur so überschäumte. Er war ein Kind seiner Zeit und seines Standes. Später erklärte er in seinem Buch *Die Abstammung des Menschen und die geschlechtliche Zuchtwahl* (1871), der Nachteil des medizinischen Fortschritts liege darin, dass den schwächeren, weniger wertvollen und verabscheuungswürdigen Mitgliedern der Gesellschaft mehr Zeit bleibe, sich zu vermehren. An anderer Stelle schreibt er:

> In einer künftigen Zeit, die, nach Jahrhunderten gemessen, nicht einmal sehr entfernt ist, werden die zivilisierten Rassen der Menschheit wohl sicher die wilden Rassen auf der ganzen Erde ausgerottet und ersetzt haben. [...] Zu derselben Zeit werden ohne Zweifel auch die anthropomorphen Affen ausgerottet sein. Der Abstand zwischen dem Menschen und seinen nächsten Verwandten wird dann noch weiter sein; denn er tritt dann auf zwischen dem Menschen in einem – wie wir hoffen können – noch zivilisierteren Zustande als dem kau-

kasischen, und einem so tief in der Reihe stehenden Affen wie einem Pavian, anstatt wie jetzt zwischen dem Neger oder Australier und dem Gorilla.

In seinem Tagebuch vermerkt Darwin, die Maori seien
»schmutzig und abstoßend« und der »Abschaum des
Pazifiks«. Angeregt durch derlei elitäres Gedankengut
begründete sein Cousin Francis Galton (1822–1911) die
Lehre der Eugenik, die später in der nationalsozialis-
tischen Rassenhygiene ihre radikalste Ausprägung erfuhr.

dem Archipel buchstäblich vor Augen stand. In einem
Brief an seine Schwester berichtet er begeistert:

Die Geologie ist mir das Höchste; wie viel mehr Freude als etwa
der Beginn der Jagdsaison bereitet doch der Fund einer
Ansammlung prächtiger fossiler Knochen, die vor unseren Augen
lebendig werden und uns ihre Geschichte aus vergangenen
Zeiten erzählen.

Der leidenschaftliche Jäger Darwin preist also die Geologie. Aus seinen Aufzeichnungen wissen wir jedoch,
dass er in den fünf Wochen, die die *Beagle* vor den
Galapagosinseln vor Anker lag, nur 19 Tage an Land
verbracht hat. Während seines kurzen Besuchs auf dem
Archipel erkannte Darwin rein gar nichts, erst später
und mit der Hilfe anderer Forscher, die einzelne Tiere

anhand ihrer Herkunft kategorisiert hatten, wurde aus den Einzelteilen des Puzzles ein Bild.

Schildkröten

Bei ihrer Ankunft wurde die Besatzung der *Beagle* von Gouverneur Nicolas Lawson begrüßt, der Darwin einen unübersehbaren Hinweis gab. Dieser jedoch dachte zu dem Zeitpunkt noch gar nicht an so etwas wie Evolution oder natürliche Selektion. Lawson tat sich gerne damit hervor, dass er bei jeder der berühmten Galapagos-Schildkröten »mit Gewissheit« bestimmen könne, auf welcher Insel sie zur Welt gekommen war, und zwar anhand der Wölbung der Panzer, die sich auf jeder der Inseln infolge der jeweiligen Lebensumstände anders entwickelt hatten. Darwin, der später notierte, solche Ideen würden »die [Theorie einer] Stabilität der Arten« untergraben, war für diesen Hinweis auf die Artenvielfalt blind und ließ stattdessen rund 30 Schildkröten einsammeln, um sie mit FitzRoy auf dem nächsten Abschnitt der Reise zu verspeisen. Die Panzer, die ein so wichtiges Indiz waren, wurden über Bord geworfen. Anstatt die Unterschiede zur Kenntnis zu nehmen und sich über den Fund zu freuen, aß Darwin die Beweise für die Evolution einfach auf. Über die Inseln selbst äußerte er sich kaum, außer dass sie scheußlich und fade seien und mit ihren schwarzen, gezackten, mit Leguanen übersäten Felsen und ihrem

lavaverkrusteten Erdboden aussähen, »wie sich unser-
eins die zivilisierten Regionen der Unterwelt ausmalt«.

Vögel

Darwin nahm zwar Vögel von dem Archipel mit, ver-
gaß aber in seiner Ahnungslosigkeit festzuhalten, von
welcher Insel sie jeweils stammten. Außerdem bestimmte er sie nur sehr ungenau, da er sein ornitholo-
gisches Wissen hauptsächlich mit Blick durch ein Ziel-
fernrohr erworben hatte. Und nicht Finken ließen ihn
an seiner traditionellen naturhistorischen Auffassung
zweifeln, sondern Spottdrosseln. Erst Monate nach
dem Aufenthalt auf den Galapagosinseln erkannte er
die Unterschiede zwischen den einzelnen Tieren, sah
in ihnen aber, noch immer begriffsstutzig, »bloße
Varianten« und nicht das, was sie tatsächlich waren,
nämlich echte eigene Arten.

Unmittelbar nach seiner Rückkehr präsentierte Darwin am 4. Januar 1837 der Geological Society of London
seine geliebten Gesteinsproben. Seine nachlässig kata-
logisierte Sammlung von Vögeln, die noch dazu man-
gelhaft bestimmt waren, übergab er dem Ornithologen
John Gould (1804–1881), der beim nächsten Treffen der
Gesellschaft am 10. Januar berichtete, dass die Vögel,
die Darwin für Amseln, Kreuzschnäbel, Zaunkönige
und Finken gehalten hatte, in Wirklichkeit *alle* Finken
waren und zudem so einzigartig, dass sie »eine gänzlich

neue Gruppe mit zwölf Arten« bildeten. Gould war es, der erkannte, wie die Dinge tatsächlich lagen, und nicht Darwin, der erst jetzt begriff, dass es entscheidend war, von welcher Insel die Tiere stammten, und sofort los eilte, um von FitzRoy sowie seinem eigenen Diener auf der Reise, Syms Covington (1816–1861), deren Sammlungen zu erbitten, die auch die Ursprungsinseln der Vögel erfassten. Weiterhin stellte Gould fest, dass der kleine Nandu, den Darwin drei Wochen zuvor bei seinem letzten Weihnachtsmahl auf hoher See beinahe verspeist hätte, ebenfalls zu einer neuen Art gehörte.

Fink um Fink

Es sollte noch sehr lange dauern, bis Darwin die immense Bedeutung all dessen erkannte. Sein Werk *Über die Entstehung der Arten* (1859) erwähnt die später berühmt gewordenen Finken mit keinem Wort, sein Reisetagebuch von 1839 nur beiläufig. Erst in späteren Ausgaben des Journals räumt er den Finken mehr Platz ein, doch selbst dann geht er nur so weit wie hier:

> Wenn man diese Abstufung und strukturelle Vielfalt bei einer kleinen, eng verwandten Vogelgruppe sieht, möchte man wirklich glauben, dass von einer ursprünglich geringen Zahl an Vögeln auf diesem Archipel eine Art ausgewählt und für verschiedene Zwecke modifiziert wurde. [...] Bedauerlicherweise wurden die meisten vom Tribus der Finken vermischt, doch habe ich viel Grund zu der Annahme, dass einige Arten der Untergruppe

> *Geospiza* auf getrennte Inseln beschränkt sind. Wenn die verschiedenen Inseln ihre repräsentativen *Geospiza* haben, kann dies eine Erklärung für das außerordentlich zahlreiche Vorkommen der Art dieser Untergruppe auf diesem einen kleinen Archipel sein, dazu als wahrscheinliche Folge ihrer Zahl die perfekt abgestufte Serie bei der Schnabelgröße.

Offenkundig gelangte Darwin nie zu der Überzeugung, jede der Galapagosinseln habe ihre eigene Finkenart hervorgebracht. Am nächsten kam er dieser Tatsache mit der Vermutung, die Finken stammten alle von einem gemeinsamen Vorfahren ab und hätten sich ihrem jeweiligen Lebensraum angepasst, indem sie sich unterschiedlich entwickelten.

Das Ende der Reise

Darwin hatte also keine plötzliche Eingebung auf den Galapagosinseln, sondern entwickelte seine Gedanken Schritt für Schritt und über Jahre hinweg. Unterstützt wurde er bei dieser mühevollen Arbeit von seiner Frau Emma Wedgwood (1808–1896), einer zurückhaltenden, aber robusten Person, die zudem seine Cousine ersten Grades war. Diese verwandtschaftliche Nähe belastete Darwin zeit seines Lebens. Sie widersprach seinen wirren Vorstellungen einer gezielten Zuchtwahl der menschlichen Rasse, und wenn eines der Kinder krank wurde, plagten ihn Schuldgefühle, weil er fürchtete,

Fig. 2 Darwin's finches; the male (in dark plumage) and female of each species: *1, 2, 3*, the Large, Medium, and Small Ground Finches (*Geospiza magnirostris, G. fortis*, and *G. fuliginosa*); *4*, the Sharp-beaked Ground Finch (*G. nebulosa* [formerly *difficilis*]); *5* and *6*, the Cactus and Large Cactus Finches (*G. scandens* and *G. conirostris*); *7*, the Vegetarian Tree Finch (*Platyspiza crassirostris*); *8, 9,* and *10,* the Large, Medium, and Small Insectivorous Tree Finches (*Camarhynchus psittacula, C. pauper,* and *C. parvulus*); *11,* the Woodpecker Finch (*C. pallidus*); *12,* the Mangrove Finch (*C. heliobates*); *13,* the Warbler Finch (*Certhidea olivacea*); and *14,* the Cocos Island Finch (*Pinaroloxias inornata*). (From Lack, 1947 : 19.)

Darwinfinken

dies könne das erste Anzeichen einer durch Inzucht bedingten Minderwertigkeit sein.

Was FitzRoy angeht, so setzte er die Familientradition fort, indem er tat, was er hatte verhindern wollen, als er Darwin für die Reise angeheuert hatte. Am 30. April 1865, einem sonnigen Sonntagmorgen, schloss er sich in aller Ruhe in seinem Ankleidezimmer ein und schnitt sich mit einem Rasiermesser die Kehle durch.

Die pawlowschen Hunde

Der Name Iwan Pawlows (1849–1936) dürfte zu den bekanntesten aus der Welt der Wissenschaft gehören. Vom pawlowschen Reflex hat jeder schon einmal gehört und es gibt nicht weniger als drei Bands, die sich nach Pawlow und seinen Laborhunden benannt haben: *Pavlov's Dog*, gegründet 1972 in St. Louis, *Deep Six*, die sich 1982 in *Pavlov's Salvation Army* umbenannten, und schließlich die Bluegrassband *Pavlov's Dawgs*, die in den 1980er und 1990er Jahren aktiv war. Pawlow wird meist für einen Psychologen gehalten, er war jedoch Physiologe und erforschte hauptsächlich die Verdauung bei Hunden. Ohne das Zutun anderer wäre seine Arbeit niemals so weit gediehen, dass er 1904 den Nobelpreis erhielt, und er wäre weitgehend in Vergessenheit geraten.

Speichelleckerei

1890 wurde Pawlow zum Direktor der Abteilung für Physiologie am Institut für Experimentelle Medizin der Universität Sankt Petersburg ernannt, wo er in den folgenden Jahren ausgiebige Forschungen zur Verdau-

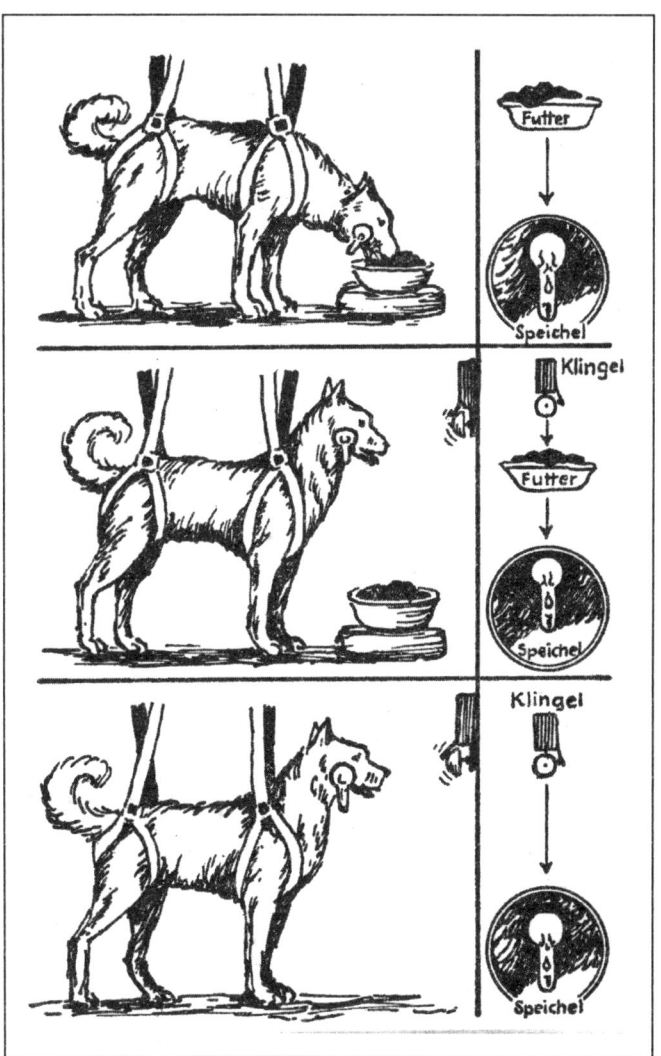

Das pawlowsche Experiment

ung bei Hunden durchführte. Seine bedauernswerten
Schützlinge wurden den Versuchszwecken »angepasst«, indem ihre Speicheldrüsen freigelegt und mit
Auffanggefäßen verbunden wurden, damit die abge-
sonderte Speichelmenge kontinuierlich gemessen werden konnte. Bald stellte Pawlow fest, dass die Hunde
schon beim Anblick des Futters Speichel produzierten,
erkannte aber die Bedeutung dieses Phänomens nicht,
sondern sah darin eine Störung des Versuchsablaufs,
weshalb er es durch allerlei Finten und mechanische
Vorrichtungen beseitigen wollte.

Doch die Hunde ließen sich nicht beirren. Weil die
Fütterungszeiten auf die Verweildauer der Nahrung im
Darm abgestimmt waren, ertönten regelmäßig Klingeln,
um die Laborassistenten an die nächste Fütterung zu
erinnern. Die Assistenten – nicht Pawlow – stellten fest,
dass die Hunde schon beim Ertönen der Klingeln Speichel absonderten und berichteten dies ihrem Direktor,
der daraufhin erst die Klingeln abstellen ließ und die
Tiere schließlich in schalldichten Räumen unterbrachte.
Beinahe hätte Pawlow den Kelch des internationalen
Ruhmes an sich vorüberziehen lassen, die Hunde jedoch
blieben hartnäckig und sonderten weiterhin Speichel ab,
wenn sie einen weißen Kittel sahen oder die ihnen inzwischen wohlvertrauten Schritte der Assistenten hör-
ten. Erst jetzt setzten sich Hunde und Assistenten durch,
Pawlow änderte die Zielsetzung der Versuchsreihe und
widmete sich fortan der Erforschung dessen, was später
als »klassische Konditionierung« bekannt wurde.

Kriegshunde

Der Preis für die bizarrste Anwendung von Pawlows Erkenntnissen geht jedoch an seine Landsleute in der sowjetischen Armee.

Die Kampffahrzeuge, die die UdSSR im Zweiten Weltkrieg einsetzte, konnten es nicht mit den deutschen Panzern aufnehmen (an deren Entwicklung auch der Rennwagenkonstrukteur Ferdinand Porsche beteiligt war, der später wegen des Einsatzes von Zwangsarbeitern verhaftet wurde). Weil auch die sowjetische Panzerabwehr nur wenig gegen die deutsche Übermacht ausrichten konnte, erdachten die Befehlshaber der sowjetischen Panzerregimenter in Erinnerung an Pawlows Versuche mit Hunden und Futter eine grausame neue Methode. Sie konditionierten Hunde dahingehend, dass sie den Unterboden eines Panzers mit Futter assoziierten, indem sie die Tiere einige Tage lang ohne Nahrung ließen und dann zu stehenden Panzern mit laufendem Motor brachten, unter denen haufenweise Fleisch und andere Leckerbissen lagen.

Der Plan war von pawlowscher Prägung, doch ungleich brutaler: Sobald die Assoziation von Panzern mit Futter gefestigt war, wollte man die Hunde aushungern, ihnen Sprengsätze auf den Rücken schnallen und sie auf anrückende deutsche Panzer loslassen. Die Hunde hatten jedoch eine zu exakte Assoziation entwickelt: Sie brachten nur den Unterboden *sowjetischer* Panzer mit Futter in Verbindung, weshalb beim ersten Einsatz 1942 ein Rudel hochgerüsteter Hunde drei sowjetische Panzerbrigaden zu panikartigem Rückzug zwang. Später erkannte man den Grund für diesen Fehlschlag: Die sowjetischen Panzer rochen nach Diesel, während die deutschen mit Benzin liefen. Zu spät – die pawlowschen Kriegshunde waren schon nicht mehr im Dienst.

Little Albert

Angeregt von Pawlows Ergebnissen führte der amerikanische Psychologe John B. Watson 1920 im Johns
Hopkins Hospital in Baltimore einen Versuch mit
einem Kleinkind durch, der als Little-Albert-Experiment in die Geschichte einging. Versuchsobjekt war
ein neun Monate altes Kind, das in den Berichten nur
»Albert B.« genannt wird und das Watson und seine
Assistentin Rosalie Rayner auf ganz spezielle Weise
konditionierten. Zunächst zeigten sie Albert alle möglichen Dinge – eine weiße Ratte, einen Handschuh
oder einen Teddybären –, denen er ohne Angst begegnete. Dann führten sie ihm diese Dinge wieder und
wieder vor und Watson schlug dabei jedes Mal direkt
neben dem Kind mit einem Hammer gegen eine
Eisenstange. Albert zeigte immer stärkere Angstreak-
tionen und brach schon bald auch dann in Tränen aus,
wenn er etwa einen Teddybären zu Gesicht bekam, die
Eisentange aber stumm blieb und ihm nicht wie zuvor
einen furchtbaren Schrecken versetzte.

Watsons wissenschaftliche Karriere endete allerdings
abrupt: Kurz nachdem er und Rayner den Artikel über
das Little-Albert-Experiment veröffentlicht hatten,
wurde bekannt, dass die beiden nicht nur eine Arbeits-
beziehung unterhielten. Als Watsons Ehefrau die Lie-
besbriefe ihres Mannes an Rayner entdeckte, die 20 Jahre
jünger als er und obendrein seine Studentin war, musste
er seine Professur aufgeben. Er heiratete Rayner und die
beiden blieben bis zu Rosalies Tod 1935 ein Paar.

Post-its

1968 entdeckte Dr. Spencer Silver (*1941), damals leitender Chemiker in der Forschungsabteilung der Minnesota Mining and Manufacturing Company (3M), bei der Entwicklung eines neuen Verfahrens zur Buchbindung einen interessanten, aber scheinbar nutzlosen Klebstoff. Die Blätter der Papierstapel, mit denen Silver experimentierte, blieben zwar aneinander haften, ließen sich aber durch leichtes Ziehen unbeschadet wieder trennen. In seiner optimistischen Grundhaltung war Silver überzeugt, dass sich ein gering haftender, wiederverwendbarer Klebstoff irgendwie zu Geld machen lassen musste, doch niemand bei 3M teilte seine Begeisterung.

Zweistimmig

Ein anderer führender Kopf der Forschungsabteilung von 3M, Arthur Fry (*1931), stand 1974 vor dem Problem, wie er in den Noten, die er im Kirchenchor verwendete, Lesezeichen und Markierungen anbringen sollte. Wenn er sie in sein Gesangbuch oder auf die Notenblätter

klebte, konnte er sie nur durch Herausreißen wieder entfernen, und wenn er sie einlegte, fielen sie heraus und
flatterten während des Gottesdienstes um den Altar. Er
erinnerte sich an Silvers missglückten Ausflug in die
Buchbinderei und benutzte schon bald bei jeder Auffüh-
rung die kleinen Zettel, die wir heute als Post-its kennen.

Steter Tropfen höhlt den Stein

Wie zuvor Silver versuchte auch Fry, das Interesse der
Marketingleute von 3M für den neuen Klebstoff zu
wecken, doch diese hielten unerbittlich mit der in
ihren Augen entscheidenden Frage dagegen, welches
Bedürfnis diese klebrigen Papierschnipsel denn erfüllten. Die Dinger waren eine tolle Erfindung, keine
Frage, aber wer sollte sie kaufen und was sollte man
mit ihnen anfangen? Zum Glück für Fry und uns alle
gewährt 3M seinen Forschern seit je ein gewisses Maß
an freier Zeit, die jeder nach Belieben nutzen kann.
Fry widmete sie der Weiterentwicklung des neuen
Produkts, und weil auch er noch keine Idee für dessen
Verwendung hatte, überzeugte er die Abteilung für
Bürobedarf, dass seine Klebezettel »ein noch nicht
identifiziertes Bedürfnis« erfüllten. An dem Kerl ist
ein Politiker verloren gegangen.

1978 gab die Abteilung für Bürobedarf schließlich
nach und verschickte an jeden Kunden in Boise, Idaho
Hunderte der kleinen gelben Blöcke. Die Stadt war

nach der traditionellen Methode ausgewählt worden, bei der man mit geschlossenen Augen eine Stecknadel in die Landkarte steckt.

Die ersten Reaktionen ließen nicht lange auf sich warten. Begeisterte Anrufer baten um Nachschub und bestellten riesige Mengen dieser neuen gelben Zettel, die bereits, versehen mit Notizen für Kollegen, auf jeder verfügbaren Oberfläche in ihren Büros klebten. Am meisten ermutigte Fry jedoch, dass die Hälfte der ersten Charge bei Angestellten von 3M im Umlauf war, zu Hause und sogar im Auto. Die Post-it-Zettel waren geboren – aber das war nicht der erste Vorstoß von 3M in Sachen Klebestreifen. Ein beiläufiges Gespräch in einer Autowerkstatt, das zufällig der damalige Forschungsleiter Richard Gurley Drew (1899–1980) mithörte, hatte die Firma überhaupt erst zum Geschäft mit Klebebändern gebracht.

Selbst ist der Mann

Eines Tages in den 1920er Jahren, als noch Schmirgelpapier das Hauptprodukt von 3M war, holte Drew sein Auto aus der Werkstatt, wo es nach einem leichten Unfall repariert worden war. Dabei hörte er zwei Lackierer darüber klagen, dass zweifarbige Lackierungen immer beliebter wurden und es kein geeignetes Abdeckband gab, mit dem sich die Grenze zwischen den Farbflächen sauber ziehen ließ. Die erhältlichen Bänder klebten entweder so stark, dass sich der Lack beim Abziehen löste, oder sie waren aus Stoff, weshalb sie die Lösungsmittel der Lacke aufnahmen und so ihre Muster hinterließen. Drew dachte über dieses Problem nach und entwickelte ein breites Band aus Krepppapier mit einem schmalen Streifen wenig haftenden Klebstoffs an jeder Kante, mit dem die Schwierigkeiten beim Lackieren und Trocknen überwunden werden sollten. Allerdings geizte er etwas mit dem Klebstoff und das Band löste sich andauernd, weshalb die undankbaren Lackierer ihm den Spitznamen »Scotch Tape« (»Schottisches Band«) verliehen. Also brachte Drew den Klebstoff über die ganze Breite des Bandes auf, woraufhin es sich so rasch festsetzte wie sein Spitzname, den 3M übernahm und schützen ließ. Bald darauf kamen durchsichtige Versionen aus Zellophan auf den Markt, doch allgemeine Verbreitung fand das Produkt erst nach dem Börsencrash von 1929, als die Leute gezwungen waren, Dinge zu reparieren anstatt sie wegzuwerfen.

Und infolge eines anderen Unfalls, der sich bei 3M ereignete, entstand eines der größten Busunternehmen der Welt.

Ein neues Bus-iness

Der gebürtige Schwede Carl Eric Wickman (1887–1954) arbeitete in den Bergwerken von 3M, bis er diese Tätigkeit 1914 infolge eines Unfalls aufgeben musste.

Nachdem er sich bei der Firma Hupmobile erfolglos als Verkäufer für siebensitzige Personentransportwagen versucht hatte, erstand er selbst ein solches Fahrzeug und fuhr damit seine ehemaligen Kollegen für 15 Cent pro Strecke zur Arbeit und wieder nach Hause. Schon bald musste er ein zweites Fahrzeug anschaffen, dann noch eines, und im Handumdrehen fand er sich an der Spitze eines expandierenden Unternehmens wieder. Weil in der Umgebung der Bergwerke von 3M alles mit grauem Staub überzogen war und Wickmans Hupmobile-Fahrzeuge die Fahrgäste zügig beförderten, verlieh man ihnen den Spitznamen *Greyhounds* (»Windhunde« bzw. »Graue Hunde«). Noch zu Wickmans Lebzeiten entwickelten sich die *Greyhound Lines* zu einem der bekanntesten Busunternehmen.

Ein Heilmittel gegen Skorbut

Die Entdeckung des Limettensaftes als Mittel gegen Skorbut wird für gewöhnlich dem englischen Marinearzt Dr. James Lind (1716–1794) zugeschrieben. Das ist jedoch nicht ganz korrekt, denn Lind glaubte, dass Säure – und zwar jede Art von Säure – die Krankheit heilen könne. Er wusste noch nichts von der heilenden Wirkung frischer Zitrusfrüchte, geschweige denn von Vitamin C, das erst Jahrzehnte später entdeckt wurde. Auch hatten andere Gelehrte schon Jahrhunderte zuvor für den Verzehr Vitamin-C-haltiger Pflanzen plädiert. Erst lange nach Linds Wirken erkannten westliche Ärzte die wahre Ursache der Krankheit, von der die Ureinwohner Nord- und Südamerikas sowie Indiens schon seit Jahrhunderten gewusst hatten.

Rationierter Rum

Anfang des 17. Jahrhunderts wandten sich zahlreiche Stimmen gegen die vorherrschende Meinung, Skorbut sei durch die Einnahme verdünnter Säure heilbar. Zu

Heilende Bäume

Als Erster beschrieb der griechische Arzt Hippokrates (ca. 460–370 v. Chr.) die Vitaminmangelkrankheit Skorbut. Er stellte fest, dass sie sich auf vielfältige Weise äußerte und oft zum Tod führte, konnte aber ihre Ursache nicht ermitteln. Die früheste überlieferte Behandlung von Skorbut mit Vitamin-C-reichen Pflanzen fand 1536 statt. Der französische Seefahrer Jacques Cartier hätte auf seiner Erkundungsfahrt durch den kanadischen Sankt-Lorenz-Strom beinahe seine ganze Mannschaft verloren, hätten ihm die Einheimischen nicht gezeigt, wie man aus den Nadeln der Weißen Scheinzypresse einen Heiltrank brauen konnte. Ähnlich erging es dem Weltumsegler Francis Drake (ca. 1540–1596). Als er 1577 mit einer vom Skorbut gezeichneten Crew in Patagonien anlegte, kamen die Einheimischen den Fremden mit einem Vitamin-C-reichen Brei aus der Rinde eines in der Region beheimateten Baumes zu Hilfe. Zum Unglück zahlreicher folgender Generationen von Matrosen und Soldaten nahmen die Ärzte in England und Frankreich die Berichte der Seefahrer nicht ernst – was verstanden die Wilden denn schon von Medizin?

ihnen gehörte John Woodall (1570–1643), Oberster Wundarzt der britischen Ostindienkompanie. Er tat die Bräuche fremder Länder nie pauschal ab und

schrieb 1614, die Krankheit solle mit frischen Nah-
rungsmitteln bekämpft werden oder, falls solche nicht
verfügbar waren, mit reichlich Orangen, Zitronen oder
Limetten. 1734, dreizehn Jahre bevor Lind seine irrigen
Experimente durchführte, veröffentlichte der aus Polen
stammende Arzt und Theologe Jan Fryderyk Bach-
strom (1686–1742) sein Traktat *Über den Skorbut*, in
dem er schreibt: »Skorbut entsteht nur durch völligen
Mangel an frischem Gemüse; dies allein ist die Haupt-
ursache der Krankheit.«

Lind kannte diese Ansichten, und als er noch überzeugter Anhänger der Säure-Theorie war, führte er
Versuche durch, bei denen der Zufall leichtes Spiel
hatte. Berichte aus der Karibik, denen zufolge die Matrosen der dortigen britischen Flotte auffällig selten an
Skorbut erkrankten, hatten ihn aufhorchen lassen. Der
Grund für diese Anomalie war, dass der Oberkom-
mandant es satt hatte, sich mit den Folgen des damals
in der Marine üblichen exzessiven Trinkens herumzu-
schlagen, und daher die tägliche Ration Rum mit Limettensaft verdünnen ließ. Dieser Kommandant war
Admiral Edward Vernon (1684–1757), dessen Helden-
taten bei Portobelo im Kolonialkrieg zwischen Großbritannien und Spanien eine der Inspirationen für das
Lied *Rule, Britannia!* waren. Bevor Vernon 1740 eingriff, wurde für gewöhnlich 95-prozentiger Rum in der
schwindelerregenden Menge von über einem Viertel-
liter pro Mann und Tag ausgegeben. Dazu kamen
Extrarationen für außerordentliche Leistungen, und

Bier wurde ohnehin den ganzen Tag getrunken, da Wasser in diesen heißen Regionen rasch ungenießbar wurde. Vernon ließ die tägliche Ration verringern, mit Limettensaft verdünnen und auf zwei Mal pro Tag ausgeben. In der Folge waren seine Männer nicht nur weniger betrunken als die Besatzungen anderer Schiffe, sondern erkrankten auch seltener an Skorbut.

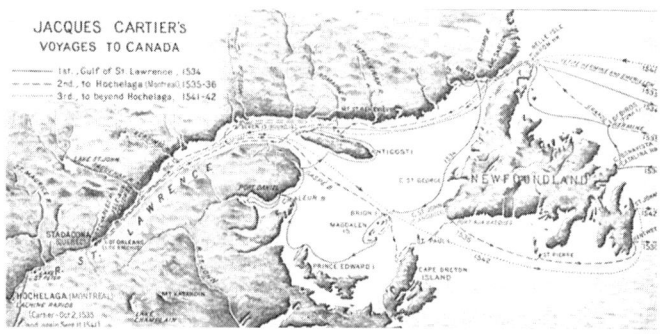

Cartiers Erkundungsfahrten im Sankt-Lorenz-Strom

Versuch und Irrtum

Bei dem schwimmenden Saufgelage – denn nichts anderes waren die Flotten im 18. Jahrhundert – kamen diese neuen Rationen gar nicht gut an und die Matrosen verpassten dem verdünnten Rum den Namen »Grog«. Das war auch Vernons Spitzname, der seiner markanten schweren Kapitänsjacke aus Grogram geschuldet war, einem groben Stoff aus Wolle und Seide. Dieser Schritt zu relativer Nüchternheit hatte aber noch eine indirekte Wirkung. Lind war der Ansicht, die *Säure* des Limettensafts sei für den Rückgang an Erkrankungen unter Vernons Leuten verantwortlich. Während er kurzerhand zeigen wollte, dass die verweichlichten Frischobstfanatiker falsch lagen, bewies er genau das Gegenteil und wandte dabei unwissentlich als Erster das Prinzip der klinischen Studie an.

Lind wählte zwölf an Skorbut erkrankte Patienten aus und bildete aus ihnen sechs Paare, die er unterschiedlich behandelte. Das erste Paar erhielt täglich eine Ration Apfelmost, das zweite Gerstenextrakt mit scharfen Gewürzen, das dritte Essig, das vierte musste Meerwasser trinken, das fünfte – Linds Lieblinge – hatte Glück und bekam frische Orangen und Zitronen, das sechste Paar hatte Pech und musste jeden Tag eine Dosis verdünnter Schwefelsäure aushalten, was am Morgen jeweils zu schmerzhaftem Erwachen geführt haben dürfte. Nach sechs Tagen waren die beiden Obstesser wieder wohlauf, und Lind musste den Versuch beenden, weil ihm die Früchte ausgegangen waren und er es unredlich fand, mit nur fünf der sechs Paare weiterzumachen. Zudem sah er die rasche Genesung des fünften Paares als hinreichenden Beweis für seine Theorie der Fruchtsäure an.

Jetzt gibt's Saures

Lind wählte zwar gezielt eine Versuchsanordnung, die der von ihm vertretenen Theorie die besten Chancen einräumte, schuf damit aber auch ein Vorbild für alle späteren klinischen Einfach- und Doppelblindstudien. Allerdings ließ er dabei den Kelch des Ruhmes geradewegs an sich vorüberziehen, denn er hielt an der Überzeugung fest, dass allein Säuren den Körper vom Skorbut reinigten. Die Ergebnisse seiner Untersuchungen bestärkten ihn in der Ansicht, Zitronensäure habe dabei die stärkste Wirkung. Allerdings erkannte er nicht, dass Zitrusfrüchte der Krankheit auch vorbeugten, wie es bereits viele vor ihm vermutet hatten. Diese Fehleinschätzung kostete so manchen Matrosen das Leben. Auch als Linds Theorien Gehör fanden, ließ man Zitrusfrüchte außer Acht und bevorzugte weiterhin wirkungslose, aber billigere und länger haltbare Säuren wie Essig. Säure war Säure, so dachte man.

Die »Limeys«

1794 trat der eigentliche Held der Geschichte auf den Plan. Der Arzt Gilbert Blane (1749–1834), der später für seine Reformen in der Schiffshygiene geadelt wurde, hegte die Vermutung, dass Lind mit den frischen Zitrusfrüchten auf der richtigen Spur gewesen war, dass ihre heilende Wirkung aber von etwas anderem als der Zitronensäure herrührte. In den Früchten mussten andere Stoffe enthalten sein, die den Ausbruch von Skorbut verhinderten. Damit lag er richtig, doch erst über 100 Jahre später gelang es, diese Stoffe – die Vitamine –

zu identifizieren. Auf einer 23-wöchigen Überfahrt nach Indien sorgte Blane dafür, dass jeder an Bord der HMS *Suffolk* täglich eine Ration Zitronensaft bekam, wodurch die Besatzung vom Skorbut verschont blieb. Es dauerte noch einige Jahre, bis die vorbeugende Wirkung von Zitrusfrüchten allgemein anerkannt war, doch schon um 1800 führte jedes britische Schiff reichlich Zitronensaft mit, weshalb amerikanische Matrosen den Briten den heute noch geläufigen Spitznamen »Limeys« verliehen.

Je größer das Wissen über die Krankheit und die Möglichkeiten der Vorbeugung wurde, desto häufiger wurden lagerfähigere Lebensmittel verwendet. Manche Schiffe führten Sauerkraut mit, am beliebtesten war jedoch Brunnenkresse, die nach Bedarf auf feuchten Leintüchern gezogen wurde. Zitrusfrüchte enthalten relativ wenig Vitamin C: Limetten, Zitronen und Orangen enthalten 30 bis 50 mg je 100 g, während etwa Guave 275 mg je 100 g enthält. Sehr weit oben stehen Hagebutten mit 1250 mg Vitamin C je 100 g.

Abgehalftert, aber wirkungsvoll

Dem Skorbut ist auch die Vorliebe der Franzosen für Pferdefleisch zu verdanken. Während der Belagerung Alexandrias (1801) sowie nach der Schlacht bei Preußisch Eylau (1807) sah sich Dominique-Jean Larrey (1766–1842), Oberster Wundarzt der Napoleonischen

Armee, zahlreichen Fällen von Skorbut gegenüber. Weil ihm beide Male keine anderen Vitamin-C-Quellen zur Verfügung standen, ließ er sämtliche Reservepferde schlachten, um einer Epidemie vorzubeugen. Fleisch enthält zwar weniger Vitamin C als die meisten Obst- und Gemüsesorten, jedoch fördern die darin enthaltenen Aminosäuren die Absorption von Vitamin C, weshalb etwa die Inuit keine Mangelerscheinungen zeigen, obwohl Obst und Gemüse auf ihrem Speiseplan fehlen. Jedenfalls war dieses Pferdefleisch, mit Schießpulver gewürzt und über offenem Feuer auf dem Brustharnisch eines Ulanen gebraten, die Rettung, und als Berichte hierüber die Heimat erreichten, galt es bei den Franzosen als patriotischer Akt, es den Soldaten gleichzutun.

Nitroglyzerin

Die Synthese von Nitroglyzerin gelang erstmals 1847. Ascanio Sobrero (1812–1888), damals Assistent des französischen Chemikers Théophile-Jules Pelouze (1807–1867) an der Universität von Turin, war von der Kraft des neuen Sprengstoffes so schockiert, dass er seine Entdeckung zunächst für sich behielt. Nachdem er sie dann doch publik gemacht hatte, warnte er eindringlich vor der Verwendung der Substanz, da sie einfach zu unberechenbar war. Die geschäftstüchtigen Sprengmeister schenkten ihm jedoch keine Beachtung. Neben Nitroglyzerin war Schwarzpulver das reinste Kinderspielzeug und all die Straßen, Kanäle und Bahnstrecken, die freigesprengt werden mussten, versprachen hohe Profite. Wie Sobrero vorhergesehen hatte, forderten diese Sprengungen zahlreiche Todesopfer unter den Arbeitern. Daher begann schon bald die Suche nach einer stabileren Form von Nitroglyzerin, die nicht so instabil war und bereits bei der leisesten Erschütterung explodierte. Hier kommen nun die Nobels ins Spiel, Vater und Sohn.

Der schwedische Ingenieur und Unternehmer Immanuel Nobel (1801–1872) hat unter anderem das Sperr-

holz erfunden. 1838 siedelte er mit seiner Familie nach
Sankt Petersburg über, wo er fast 20 Jahre lang als Pro-
tegé von Zar Nikolaus I. lebte, für den er Waffen herstellte sowie, als Sobrero die Katze aus dem Sack gelas-
sen hatte, Nitroglyzerin. Als der Zar jedoch 1855 starb
und im Jahr darauf der Krimkrieg endete, fiel die
Nachfrage nach diesen Produkten und die Nobels standen mit leeren Taschen da.

1861 war die Familie wieder zurück in Schweden.
Immanuel stellte mit seinem dritten Sohn Alfred (1833
bis 1896) weiterhin Sprengstoff her, jetzt aber in einer
kleinen, baufälligen Fabrik am Rand von Stockholm.
Als die Fabrik eines Tages in die Luft flog und dabei fünf
Menschen zu Tode kamen, unter ihnen Alfreds jüngerer
Bruder Emil, musste Immanuel unter dem Druck der
Öffentlichkeit die Produktion auf einen Lastkahn ver-
lagern, der auf einem See außerhalb der Stadt lag.

Obwohl der Einsatz von Nitroglyzerin bei großen
Bauvorhaben eine deutliche Zeitersparnis brachte, fand
er aufgrund der steigenden Anzahl von Todesfällen
immer weniger Befürworter, wodurch der Wohlstand
der Familie Nobel wieder einmal in Gefahr geriet.

Eine explosive Entdeckung

Um das Monster zu bändigen, streckte Nobel das
Nitroglyzerin mit allen möglichen Zusätzen, etwa mit
Ziegelstaub, verringerte dadurch aber die Sprengkraft
so deutlich, dass es kaum noch stärker war als das weit-

aus ungefährlichere Schwarzpulver. Doch schon bald
machte er die entscheidende Entdeckung; die Lösung
hatte die ganze Zeit vor seinen Augen gelegen. Während eine Ladung Nitroglyzerin zum Versand vorbereitet wurde, bemerkte er, dass einer der Behälter
leckte. Der Inhalt tropfte auf die Kieselgur – ein porö-
ses Mineral aus fossilen Kieselalgen, das damals hauptsächlich in Norddeutschland gewonnen wurde –, mit
der der Raum zwischen den Behältern verfüllt worden
war, um diese an Ort und Stelle zu halten und vor Er-
schütterungen zu schützen. Aus dieser Vermengung
entstand eine feuchte, lehmartige Substanz, die sich
wie Kitt anfühlte und mit bloßen Händen formen ließ.
In trockenem Zustand war das Material so stabil, dass
ihm auch Hammerschläge nichts anhaben konnten –
aber probieren Sie das bitte nicht selbst aus! – und
kleine Brocken ließen sich anzünden, ohne zu explo-
dieren. Dieses Dynamit, wie Nobel es nannte, erwies
sich als so stabil, dass es nur mithilfe einer Sprengkapsel gezündet werden konnte.

Ein Unglück kommt selten allein

Nobels nächste explosive Entdeckung entstand aus
demselben glücklichen Missgeschick, das auch John
Wesley Hyatt auf der Suche nach synthetischen Billardkugeln unterlaufen war. 1875 arbeitete er in seinem
Labor, schnitt sich dabei – wie Hyatt – mit einem ge-

brochenen Glaskolben in die Hand und holte – wiederum wie Hyatt – aus einem Schränkchen eine Flasche Kollodium, eine Flüssigkeit auf Basis von Nitrozellulose, die damals zur Wundversorgung benutzt wurde. Der Alkohol verdampfte und ließ auf der Wunde eine Zelluloseschicht zurück, ähnlich wie bei heutigen Sprühverbänden. Weil er wegen der Schmerzen in der Hand nicht schlafen konnte, grübelte Nobel in der folgenden Nacht darüber nach, was wohl dabei herauskäme, wenn er die explosive Nitrozellulose mit Nitroglyzerin vermischte. Frühmorgens stand er auf, ging zurück ins Labor, probierte seine Idee aus und hatte bei Sonnenaufgang eine geleeartige Masse fabriziert, die weitaus mehr Sprengkraft besaß als ihre beiden Inhaltsstoffe, dabei aber außerordentlich stabil war und auch bei längerer Lagerung nicht so »schwitzte« wie Dynamit. Diese neue Entdeckung nannte er Sprenggelatine.

Schmerzliche Heilerfolge

Nitroglyzerin brachte der Welt jedoch mehr als nur Tod und Zerstörung. Als Erster erforschte der Amerikaner Constantin Hering (1800–1880) die Möglichkeiten einer medizinischen Verwendung. 1849 erfuhr er aus Sobreros Veröffentlichungen von den rasenden Kopfschmerzen, die alle befielen, die mit der Substanz arbeiteten. Als Homöopath mit dem Gedanken vertraut, dass Gleiches durch Gleiches geheilt wird, unternahm Hering Versuche mit Patienten, die unter pausenlosen Kopfschmerzen oder anderen chronischen Schmerzen litten, verursachte dadurch aber nur noch größere Schmerzen sowie Herzrasen. In den 1850er und 1860er Jahren experimentierten sowohl Homöopathen als auch Schulmediziner mit Nitroglyzerin und stellten übereinstimmend fest, dass es eine starke Wirkung auf den menschlichen Körper hatte – nur musste noch jemand den richtigen Verwendungszweck finden. Dieser Jemand war der englische Arzt William Murrell (1853–1912). 1879 hielt er geistesabwesend den Korken einer Nitroglyzerinflasche im Mund, während er genau diese Substanz auf die Einkaufsliste seines Labors schrieb. Kurz darauf befielen ihn Kopfschmerzen, wie sie typischerweise bei Herzrasen auftreten, und sein Herzschlag wurde heftiger. Natürlich wusste er, dass Amylnitrat seit 1844 erfolgreich bei Durchblutungsstörungen des Herzens verabreicht wurde, aber ihm waren auch die unangenehmen Nebenwirkungen bekannt, wie etwa die unfreiwillige Entspannung der Schließmuskeln.

Um sämtliche Auswirkungen von Nitroglyzerin bei Patienten mit Herzbeschwerden zu erfassen, führte Murrell eine kurze klinische Studie durch, die überzeugende Ergebnisse lieferte und bei der, was viel wichtiger war, die bekannten Nebenwirkungen ausblieben. Einzig die Explosivität der Substanz stellte jetzt noch ein Problem dar. Murrell löste es schließlich in Zusam-

menarbeit mit seinem Apotheker, indem er Nitroglyzerin mit Kokosbutter vermengte und in Pillenform
presste. Dann trampelte er auf den Pillen herum,
schlug mit dem Hammer auf sie ein, warf sie aus dem
Fenster, riss sie wie Streichhölzer auf einer rauen Oberfläche an und um ganz sicher zu gehen, warf er schließlich ein paar davon ins Feuer.

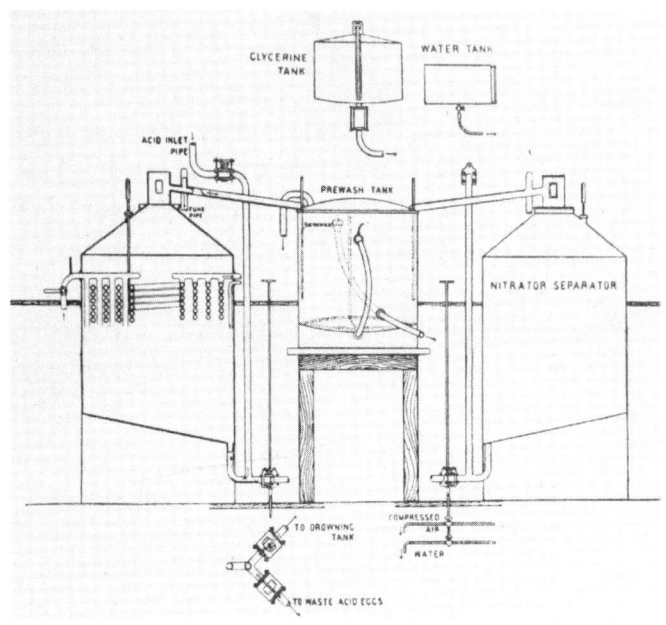

Schemazeichnung einer Nitrierungsanlage

Hinter jedem erfolgreichen Mann ...

Zwar wurde Alfred Nobel durch seine Entdeckungen zu einem der reichsten Menschen seiner Zeit, doch blieb ihm persönliches Glück versagt. Er hat nie geheiratet, allerdings kursierten immer wieder Gerüchte, er unterhalte eine Liebschaft mit Ascanio Sobrero. Hinsichtlich der Beziehung zu einer Frau wagte er sich, wie das Stockholmer Nobel-Museum zeigt, am weitesten mit folgender Zeitungsanzeige vor, die er im Alter von 43 Jahren aufgab: »Vermögender Herr, beste Ausbildung, mittleres Alter, sucht reife Dame, mehrsprachig, als Sekretärin und Haushaltsvorstand.« Auf diese Zeilen meldete sich Bertha von Suttner (1843–1914), die die Stelle zunächst annahm, aber als radikale Pazifistin von den Geschäften ihres Dienstherren so entsetzt war, dass sie das nobelsche Haus in Paris schon nach zwei Wochen wieder verließ. Acht Jahre später kehrte sie in ihre Heimat Österreich zurück und wurde zu einer der wichtigsten Figuren der europäischen Friedensbewegung. 1889 veröffentlichte sie den pazifistischen Roman *Die Waffen nieder!*, der wegen seiner eindrücklichen Beschreibungen und seines scharfsinnigen politischen Pragmatismus viel Lob erntete.

Mit Alfred Nobel blieb sie bis zu dessen Tod in freundschaftlicher Verbindung. Sie soll ihn auch dazu angeregt haben, einen Preis zu stiften, und erhielt selbst 1905 als erste Frau den Friedensnobelpreis.

Spitzenmäßig erregt

Noch heute macht sich die Welt Sobreros Erfindung zunutze. Kondomhersteller haben eine neue Produktlinie auf den Markt gebracht, bei der die Spitzen der Kondome mit einem Gel auf Nitroglyzerinbasis gefüllt sind. Dieses Gel heißt Zanifil; das klingt zwar eher nach einem Rohrreiniger, aber die Hersteller preisen es in den höchsten Tönen an: Die bekannte gefäßerweiternde Wirkung des Nitroglyzerins habe nicht nur einen viagraähnlichen Effekt, sondern verlängere sowohl die Aktivität selbst als auch das benutzte Organ. Darüber hätte vielleicht sogar der missmutige Alfred Nobel geschmunzelt.

Gegen Ende seines Lebens zog sich Nobel immer mehr zurück, tief verletzt von der öffentlichen Meinung, die ihn ungerechterweise als eine Art Massenmörder ansah. Nach dem Tod seines älteren Bruders Ludvig (1831 bis 1888) erwies sich die Presse wieder einmal als Meisterin im Missverstehen und meldete, er, Alfred, sei verstorben, was seinen Schmerz nur noch verstärkte. Besonders vernichtend äußerten sich französische Zeitungen, die unter anderem hinausposaunten: »Der Händler des Todes ist tot« und ihm vorwarfen, er habe »sich bereichert durch die Erfindung neuer Methoden, immer mehr Menschen immer schneller umzubrin-

gen«. In seinen späteren Jahren nahm Nobel auf ärzt-
liche Anweisung Nitroglyzerin als Medikament ein. Er
selbst sagte dazu: »Es wirkt wie eine Ironie des Schick-
sals, dass ich jetzt Nitroglyzerin verschrieben bekomme.
Allerdings heißt es Trinitrin, damit der Apotheker und
die Öffentlichkeit sich nicht erschrecken.« Vielleicht hat
ihm das noch einige Jahre geschenkt. Jedenfalls änderte
er am 27. November 1895 zum wiederholten Mal sein
Testament und bestimmte darin die Regeln für die Vergabe des nach ihm benannten Preises.

Das Telefon

Alexander Graham Bell (1847–1922) war hauptsächlich als Lehrer für Gebärdensprache sowie andere Kommunikationsformen für Gehörlose tätig. Die Forschungen, die ihn zur Entwicklung des Telefons führen sollten, begann er nur, weil er das auf Deutsch verfasste Buch eines anderen Sprachtherapeuten falsch verstand. Sein Ziel war dabei nicht die Schaffung eines Massenkommunikationsmittels, sondern einer Technik, die es einem Sprecher ermöglichte, sich einer gehörlosen Person mitzuteilen.

Elterliche Prägung

Bells Vater und sein Großvater väterlicherseits waren bedeutende Sprachtherapeuten gewesen und hatten sich mit den Möglichkeiten der Kommunikation mit gehörlosen und taubstummen Kindern beschäftigt. Darüber hinaus prägte ihn die Gehörlosigkeit seiner Mutter, und so folgte er schon in jungen Jahren der Familientradition. 1863 nahm sein Vater ihn mit nach London zu

einer Vorführung von Automaten, die jeweils eine ru-
dimentäre Sprache hervorbrachten. Die Hauptattrak-
tion war ein Automat von Sir Charles Wheatstone
(1802–1875), der sich auf die Arbeit des Erfinders Wolf-
gang von Kempelen (1734–1804) stützte, welcher mit
Apparaten, die mittels mechanischer Vorrichtungen
Sprechlaute erzeugten, europaweit Aufsehen erregt
hatte. Bell war tief beeindruckt. Wenn es möglich war,
Sprache durch mechanische Schwingungen zu erzeugen, mussten sich diese Schwingungen auch in das In-
nenohr von Gehörlosen übertragen lassen. Die Vorstellung, dass er dann mit seiner Mutter sprechen könnte,
faszinierte ihn und ließ ihn von da an nicht mehr los.

Lost in translation

Als er wieder zu Hause war, fertigte Bell einen künstlichen Kehlkopf an und begann mit Experimenten zur
Resonanz und zur Übertragung von Schall. Mit 19 Jahren schickte er einen Aufsatz mit seinen Ergebnissen
an den englischen Philologen und Phonetiker Alexander John Ellis (1814–1890). Durch dessen Antwort
schlug Bell unbeabsichtigt den Weg zur Erfindung des
Telefons ein. Ellis teilte ihm mit, in Deutschland sei
die Forschung auf diesem Gebiet bereits weit fortge-
schritten, und fügte seinem Brief ein Exemplar von
Hermann von Helmholtz' *Die Lehre von den Ton-
empfindungen als physiologische Grundlage für die*

Theorie der Musik (1863) bei. 1885 legte Ellis eine korrekte Übersetzung des Werkes ins Englische vor, doch Bell musste sich noch bemühen, das deutsche Original zu verstehen. Dabei unterlief ihm ein Verständnisfehler, der ihn glauben ließ, die Übertragung von Vokalen und Konsonanten mittels eines mechanischen Mediums sei bereits gelungen. In seinen Erinnerungen berichtet er:

> Ich kannte mich auf diesem Gebiet nicht gut aus, war aber der Meinung, wenn man mittels Elektrizität Vokale hervorbringen konnte, müsse man auch Konsonanten und zusammenhängende Sprache generieren können. [...] Ich glaubte, Helmholtz wäre das bereits gelungen [...] und meine Fehlschläge seien nur auf meine Unkenntnis in Sachen Elektrizität zurückzuführen. Dieses Missverständnis war höchst wertvoll. [...] Hätte ich damals das Deutsche richtig verstanden, dann hätte ich meine Experimente vielleicht nie begonnen!

Vorteil Bell

Irregeleitet durch seinen Übersetzungsfehler führte Bell seine Arbeit fort. 1873 erhielt er eine Professur an der Universität von Boston, und ab 1874 wurde er bei seinen Forschungen von dem Elektrotechniker Thomas A. Watson (1854–1934) unterstützt. Sie experimentierten mit Rohrblättern in verschiedenen Tonhöhen, die mit Drähten verbunden waren, und ahnten, dass sie kurz davor standen, eine Technologie zur Sprachübertragung zu entwickeln. Bell war jedoch nicht entgan-

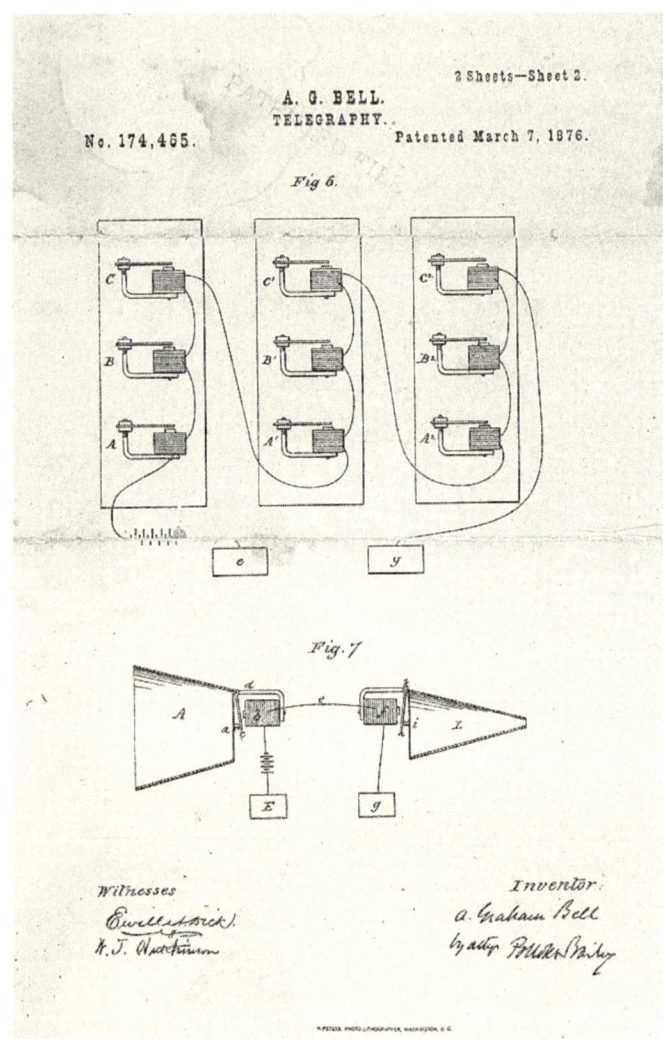

Eine Schemazeichnung aus Bells Patentschrift

gen, dass er einen Konkurrenten hatte, der diesem Ziel schon näher war. Daher ließ er das Patentamt in Washington von seinen Anwälten überwachen, die ihn warnen sollten, falls sein Rivale dort auftauchte, während er selbst noch an seinem Entwurf feilte. Und genau das geschah: Am 14. Februar 1876 betrat Elisha Gray (1835–1901) das US-Patentamt in Washington, um ein Patent auf ein Telefon mit flüssigem Übertragungsmedium anzumelden, während Bell noch in Boston war. Doch noch wurde die Lage nicht brenzlig, denn Bell und sein Anwalt Marcellus Bailey (1840–1921) hatten einen Trumpf im Ärmel, den Patentprüfer Zenas Fisk Wilber.

Eine patentierte Verschwörung

Wilber hatte im Amerikanischen Bürgerkrieg unter Bailey gedient, und seitdem er im Patentamt einen Posten besetzte, den er möglicherweise durch Baileys Mithilfe bekommen hatte, verband die beiden ein etwas dubioses Verhältnis. 1876 war der ausgewiesene Alkoholiker Wilber bei Bailey bis über beide Ohren verschuldet. Nun verlangte Bailey von seinem Aufpasser, Grays Patentschrift aus dem Gebäude zu schmuggeln und sie Bell vorzulegen, der bereits in höchster Eile nach Washington unterwegs war. Wilber erkannte die Möglichkeit, die Last seiner Schulden loszuwerden. Er befolgte die Anweisung, traf die beiden Verschwörer und genehmigte sich ein paar Gläser, während Bell in seine Patentschrift die Details aus Grays Entwurf einarbeitete, die in seinem Antrag noch fehlten. Bell gab Wilber 100 Dollar, der daraufhin zurück in sein Büro ging und die Akten umsortierte, damit es den Anschein hatte, als habe Bell seine manipulierte Patentschrift als Erster eingereicht. Am 7. März 1876 wurde Bell das Patent erteilt, und Gray erhielt am selben Tag die Nachricht, dass sein Antrag abgelehnt worden war.

Zurück in Boston verbrachte Bell mehrere Tage damit, seine Notizen und Zeichnungen abzuändern, um sie an Grays Entwürfe anzugleichen, und nachdem er auch seine Geräte entsprechend umgebaut hatte, konnte er am 10. März »seine« Erfindung vorführen, indem er seinen Assistenten per Telefon aus einem anderen Gebäudeteil mit den berühmten Worten herbeizitierte: »Mr. Watson, kommen Sie; ich brauche Sie.«

Zehn Jahre später, am 6. April 1886, machte Wilber reinen Tisch und erklärte an Eides statt, welche Rolle er bei dem Betrug gespielt hatte, dass Bell ihn dafür bezahlt hatte und er mit dem Geld seine Schulden bei Bailey beglichen hatte. Bell widersprach dieser Darstellung natürlich auf das Heftigste, doch der Streit war ohne jede Bedeutung, denn zu diesem Zeitpunkt war die *Bell Telephone Company* bereits ein etabliertes Unternehmen. Erst 1990 gelangten die manipulierten Unterlagen an die Öffentlichkeit und der Betrug wurde weithin bekannt.

Lobotomie

Am Morgen des 13. September 1848 machte sich der 25-jährige Phineas Gage (1823–1860) auf den Weg zu seiner Arbeit an der Eisenbahnstrecke zwischen Rutland und Burlington, ohne die geringste Ahnung, dass er – wenn auch infolge eines schmerzlichen Unfalls – entscheidend zum Fortschritt der Neurochirurgie beitragen und den Weg für eines der am meisten verachteten medizinischen Verfahren aller Zeiten bereiten würde: die Lobotomie.

Wie ein Loch im Kopf

Gage war Vorarbeiter eines Sprengtrupps, der südlich von Cavendish, Vermont damit beschäftigt war, einen Felsvorsprung zu beseitigen, der den vorrückenden Gleisbauarbeiten im Weg lag. Gegen halb fünf Uhr nachmittags bereitete er die letzten Sprengungen des Tages vor, indem er Zündsätze in die vorgebohrten Löcher füllte – und da passierte es. Wahrscheinlich hatte die Eisenstange, mit der er die Zündsätze in die Löcher schob, wie ein Feuerstein Funken geschlagen, denn einer der Zündsätze explodierte und ließ das Eisen wie eine Gewehrkugel aus dem Loch schießen. Es sauste geradewegs durch Gages Kopf und fiel etwa 25 Meter entfernt zu Boden. Der gut einen Meter lange Bolzen, unten abgeflacht und oben spitz, war in der linken Gesichtshälfte in Gages Schädel eingetreten und rechts oben wieder herausgeschossen. Dass Gage nicht auf der Stelle tot umfiel, war schon erstaunlich genug, aber noch erstaunlicher war, dass er nicht einmal das Bewusstsein verlor. Er schüttelte kurz den Kopf – oder das, was davon übrig war –, suchte sich ohne fremde Hilfe ein Fuhrwerk und während dieses mit ihm nach Cavendish zum Arzt ruckelte, hielt er mit dem Kutscher ein munteres Schwätzchen.

Der erste Arzt, der Gage untersuchte, Dr. Edward H. Williams, glaubte seinem Patienten kein Wort:

> Noch bevor ich aus der Kutsche stieg, fiel mir die Wunde an seinem Kopf auf; das Pulsieren des Gehirns war deutlich zu sehen. Während ich ihn untersuchte, berichtete Mr. Gage den Umstehenden von dem Vorfall, der zu seiner Verletzung geführt hatte. Damals schenkte ich seiner Erzählung keinen Glauben, ich dachte vielmehr, er fantasiere. Er bestand jedoch darauf, dass der Bolzen durch seinen Kopf geschossen sei. Einmal stand er auf und übergab sich, wobei etwa eine halbe Teetasse Gehirn aus dem Schädel gepresst wurde und zu Boden fiel.

Einen kühlen Kopf bewahren

Die Nachricht von diesem außergewöhnlichen Vorfall verbreitete sich wie ein Lauffeuer in der Stadt und erregte auch die Aufmerksamkeit eines anderen Arztes, Dr. John Martyn Harlow (1819–1907), der mit Gage bis zu dessen Tod 1860 in Kontakt blieb. Er dokumentierte Gages Leben nach dem Unfall, und diese Aufzeichnungen gelten als eine der umfangreichsten Langzeitstudien der Medizingeschichte. Noch im Jahr des Unfalls berichtete Harlow im *Boston Medical and Surgical Journal* von seinem ersten Treffen mit Gage, der scheinbar keinen größeren Schaden genommen hatte:

> Ich darf um Verständnis bitten, wenn ich hier festhalte, dass sein Anblick für jemanden ohne militärchirurgische Erfahrung wahrlich grauenerregend war. Aber Gage ertrug sein Leid mit heldenhafter Standfestigkeit. Er erkannte mich sogleich und gab seiner Hoffnung Ausdruck, nicht allzu schwer verletzt zu sein. Er war offenkundig bei vollem Bewusstsein, jedoch geschwächt vom Blutverlust. Puls 60 und gleichmäßig. Sein Körper und das Bett, in dem er lag, waren buchstäblich eine einzige Blutgrube.

Harlow beschrieb auch den Weg, den der Bolzen genommen hatte:

> Er war in den Schädel eingetreten, hatte den vorderen linken Großhirnlappen durchstoßen und war an der Mittellinie, wo sich Kranznaht und Pfeilnaht treffen, wieder ausgetreten und hatte

den Schädel verletzt, parietale und frontale Knochen großflächig zum Bersten gebracht, beträchtliche Teile des Gehirns zerstört und den linken Augapfel fast um die Hälfte seines Durchmessers aus der Augenhöhle getrieben.

Gage blieb einige Wochen bei Harlow in Behandlung. Er zog sich etliche Infektionen zu und musste immer wieder Rückschläge hinnehmen, war jedoch im November so weit gesundet, dass er zu Verwandten nach New Hampshire reisen konnte. Dort schritt seine Genesung weiter fort, bis er vollständig geheilt war. Im April des nächsten Jahres kehrte er nach Cavendish zurück, wo Dr. Harlow ihn erneut untersuchte und dabei feststellte:

Auf der Schädeldecke eine tiefe Mulde, fünf mal vier Zentimeter groß, unter der das Pulsieren des Gehirns tastbar ist. Partielle Lähmung der linken Gesichtshälfte [...], sein körperlicher Zustand ist gut, man kann von vollständiger Genesung sprechen. Er verspürt keine Schmerzen im Kopf, sagt aber, der Kopf fühle sich seltsam an; genauer könne er es nicht beschreiben.

Vereinfacht gesagt: Der arme Gage hatte an sich selbst eine massive präfrontale Lobotomie durchgeführt – da kann man sich hin und wieder schon ein wenig seltsam fühlen. Für uns ist jedoch interessant, dass er sich in gewisser Hinsicht sehr wohl verändert hatte: Sein Charakter war nicht mehr derselbe.

Falsche Anschuldigungen

Gages Wesensart hatte sich verändert, er war nun ge-
lassener und introvertierter, als seine Kollegen ihn in
Erinnerung hatten. Manchen Darstellungen zufolge
machte der Unfall aus ihm einen gottlosen und ge-
walttätigen Säufer, der in der Öffentlichkeit zu obs-
zönem Verhalten neigte, doch solche Schauermärchen
stammten von Leuten, die ihm nie begegnet waren.
Viele dieser Berichte beschuldigten ihn zudem des
Missbrauchs und der Gewalt gegenüber seiner wehr-
losen Frau und seinen Kindern – dabei hatte er gar
keine Familie. Die Eisenbahngesellschaft stellte ihn
nach seiner Genesung nicht wieder ein, allerdings
waren die Sprengarbeiten in dem Abschnitt auch
schon beendet. Das bedeutete aber keineswegs das
Ende seines Berufslebens. Er arbeitete zunächst als
Empfangskraft in P. T. Barnums American Museum
in New York und ging später nach Chile, wo er auf der
Strecke zwischen Valparaiso und Santiago als Post-
kutscher fuhr. Dort verbrachte er mehrere Jahre, und
ein exhibitionistischer, gewalttätiger Trinker hätte
eine solche Stelle nie so lange behalten.

1859 verschlechterte sich Gages Gesundheitszustand
und er kehrte zu seiner Mutter zurück, die mittlerweile
in San Francisco lebte. Dort ging es weiter bergab mit
ihm, Krampfanfälle kamen hinzu und schließlich verstarb Gage. Sein wahres Vermächtnis sollte allerdings
erst noch entdeckt werden.

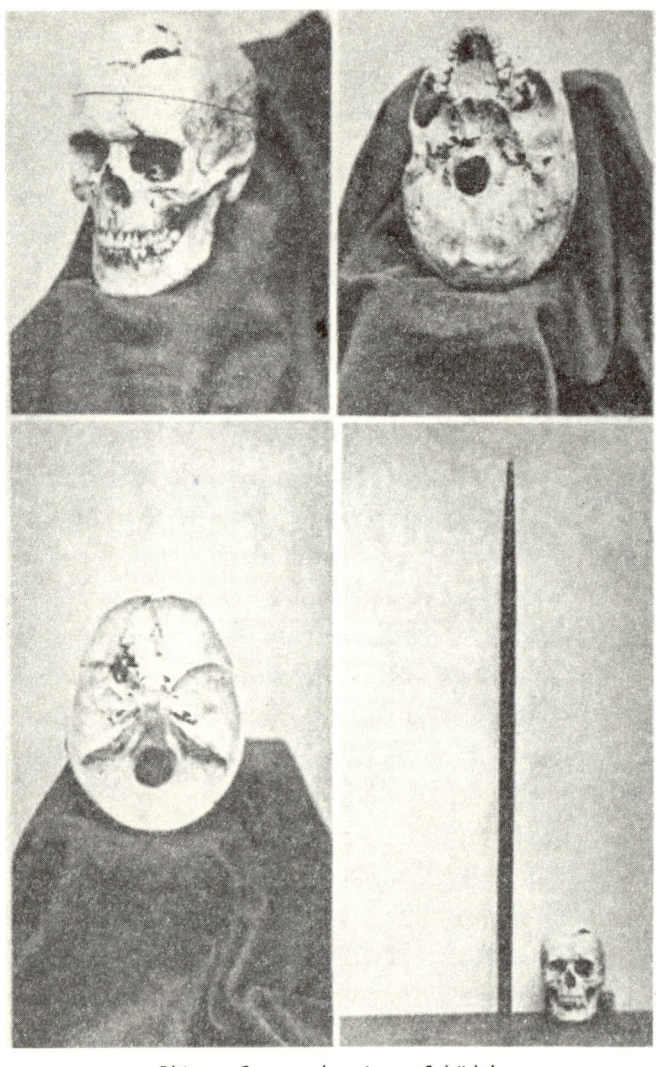

Phineas Gages exhumierter Schädel;
rechts unten: Schädel und Eisenbolzen

Hirnarbeit

Die Geschichte von Phineas Gage wurde zu einem
wichtigen Referenzfall für die neurologische Hirnfor-
schung, da sie belegte, dass die Persönlichkeit des Menschen in den Frontallappen des Gehirns angesiedelt
sein musste. Im Jahr nach Gages Tod verkündete der
französische Chirurg und Anthropologe Paul Broca
(1824–1880), in den präfrontalen Hirnlappen befände
sich das, was den Menschen vom Tier unterscheidet,
woraufhin ganze Horden von Laienchirurgen aufs Geratewohl die Gehirne von Tieren sezierten. Der Arzt
Gottlieb Burckhardt (1836–1907) versuchte als Erster,
die Verletzungen, die Gage erlitten hatte, bei Menschen
nachzuahmen. Er machte sich an sechs Patienten seiner
psychiatrischen Anstalt im schweizerischen Neuchâtel
zu schaffen, und unbeeindruckt davon, dass zwei seiner bedauernswerten Versuchskaninchen innerhalb
weniger Tage starben, behauptete er, die überlebenden
vier seien entweder geheilt oder hätten deutliche
Fortschritte gemacht. Zum Glück für seine anderen
Patienten reichten die Reaktionen von Skepsis bis zu
offener Feindseligkeit, und der so gescholtene und
ausgestoßene Burckhardt verschwand zu Recht in der
Vergessenheit. Andere hielten jedoch schon Hammer
und Meißel bereit, während der Zug, den Gage ins
Rollen gebracht hatte, allmählich Fahrt aufnahm.

Affentheater

1935 reiste der portugiesische Hirnchirurg und ehemalige Politiker Egas Moniz (1874–1955) nach London zum Zweiten Internationalen Neurologischen Kongress und hörte dort einen Vortrag zweier amerikanischer Forscher von der Universität Yale. Der Physiologe John Farquhar Fulton (1899–1960) und der Tierphysiologe Carlyle Jacobsen, die mit dem Fall von Phineas Gage bestens vertraut waren, hatten bei zwei Schimpansen Lobotomien durchgeführt, bei denen sie sämtliche Verbindungen zwischen den Frontallappen und den anderen Hirnarealen operativ durchtrennt hatten. Die beiden Tiere, Becky und Lucy, waren weiterhin freundlich und aufmerksam, zeigten aber weder auffälliges Verhalten noch waren sie frustriert, wenn sie bestimmte Aufgaben nicht erfüllen konnten. Beide hatten ihren Ehrgeiz verloren, außerdem den Willen zum Erfolg und größtenteils auch die Fähigkeit, komplexe Aufgaben zu lösen, was sie jedoch nicht frustrierte, einfach weil ihnen überhaupt nichts mehr wichtig war. Diesen Aspekt hielten Fulton und Jacobsen aber nicht für entscheidend. Sie betonten vielmehr, dass beide Tiere nach dem Eingriff friedfertig waren und sich mit ihrem Leben in Gefangenschaft abfanden.

Ein Halbgott in Weiß

Moniz fuhr zurück nach Lissabon und erprobte dort die Technik seiner amerikanischen Kollegen. Am 12. November 1935 bohrte er mit seinem Assistenten Pedro Almeida Lima (1903–1985) Löcher in den Schädel einer Patientin und injizierte erst Novocain, dann Alkohol in bestimmte Areale der Frontallappen, um die weiße Substanz zu zerstören, die zwischen diesen und anderen Hirnarealen liegt. Nach diesem ersten Eingriff, den er als Erfolg wertete, gab Moniz die Methode der Injektion auf und nahm das Messer zur Hand. Das Verfahren, bei dem er die weiße Substanz mit Schnitten durchtrennte, nannte er Leukotomie. Moniz und Lima suchten sich ihre Opfer unter Patienten, die an einer agitierten Depression litten, da diese am meisten von dem Eingriff zu »profitieren« schienen. Als ehemaliger Berufspolitiker wusste Moniz genau, wie er Ungenießbares verkaufen musste, damit es akzeptiert wurde, und achtete deshalb stets darauf, seine Schlächterei als »Psychochirurgie« zu bezeichnen.

Als Nächstes machte er sich an den Gehirnen von Schizophreniekranken zu schaffen und behauptete wiederum, seine Methode führe zu großen Erfolgen. Tatsächlich waren die Patienten nach den Eingriffen jedoch antriebslos und verwirrt und standen mit einem Bein im Grab. Moniz belog die Öffentlichkeit fortwährend: Entweder schönte er die Zahlen oder verschwieg die wirklichen Resultate seiner Arbeit, insbesondere die Todesfälle. »Die präfrontale Leukotomie ist eine einfache Operation, die keinerlei Gefahren birgt und sich bei bestimmten Formen von Geisteskrankheit als wirksame Behandlungsmethode erweisen könnte.« Woher wollte er das wissen? Er verfolgte niemals, wie seine Opfer nach den Operationen zurechtkamen. Viele starben an Hirnblutungen, andere vegetierten vor sich hin. Die sinnvollste Kritik an Moniz' Tätigkeit äußerte 1939 einer seiner Patienten: Er schoss auf ihn. Moniz musste stationär behandelt werden und war eine Zeit lang an den Rollstuhl gefesselt, hatte sich jedoch schon bald so weit erholt, dass er sein »gutes Werk« fortsetzen konnte.

Alice im Wunderland

Zum Unglück tausender Amerikaner erfuhr eines Tages Dr. Walter Jackson Freeman II. (1895–1972), der am St. Elizabeth's Hospital in Washington tätig war, von dem »Segen«, den Moniz' Therapie angeblich brachte, und beschloss, auf diesen Zug aufzuspringen. Nachdem er sich an einigen Bewohnern der Leichenhalle des Krankenhauses ausprobiert hatte, die sich nicht mehr darüber beschweren konnten, dass er keinerlei chirurgische Erfahrung hatte, befand er, das Ganze sei ein Kinderspiel, und nahm seine Geschäfte auf. Sein erstes Opfer war Alice Hammatt aus Topeka, Kansas. Sie kam am 14. September 1936 unter das Messer des unerfah-

renen Freeman, nachdem dieser sie und ihren Ehemann
genötigt hatte, eine Einverständniserklärung zu unter-
schreiben, indem er behauptete, Alice habe nur die
Wahl zwischen der Operation und einem lebenslangen
Aufenthalt in der Irrenanstalt. Alice' größte Sorge war,
sie könne durch den Eingriff ihr volles, lockiges Haar
verlieren. Freeman versicherte ihr jedoch, dies werde
nicht der Fall sein. Das war natürlich gelogen, doch als
Alice mit kahl geschorenem Kopf aus der Narkose erwachte, stellte er erleichtert fest, dass ihr das völlig
gleichgültig war – sie ging einfach wortlos nach Hause.

Kopfsalat

1945 erfuhr Freeman von einer interessanten neuen
Operationsmethode. Der Italiener Amarro Fiamberti
hatte eine Technik entwickelt, bei der er mit einem
Eispickel durch den oberen Rand der Augenhöhle in
den Schädel eindrang. Nachdem Freeman zunächst zu
Hause in der Küche auf ein paar Grapefruits eingesto-
chen hatte und dann zu den duldsamsten seiner Patienten zurückgekehrt war – den Leichen im Keller –,
sah er sich ausreichend vorbereitet. Die Eingriffe gingen schnell über die Bühne und ließen sich ohne Voll-
narkose in der Arztpraxis durchführen, die Patienten
konnten danach einfach mit dem Taxi nach Hause
fahren und – das Beste daran – die Prozedur war extra-
vagant, schockierend und dramatisch. Freeman zog

für sein Leben gern eine Show ab. Regelmäßig lud er die Presse zu Vorführungen und »Lobothons« ein, bei denen er bis zu 20 Patienten abfertigte, wobei er für jeden von der Narkotisierung durch Elektroschock bis zum Abschluss der Prozedur nur zehn Minuten brauchte. Seine Paradenummer war ein beidhändiger Eingriff, bei dem er mit zwei Eispickeln gleichzeitig beide Augenhöhlen durchstieß. Während er das Gehirn des Patienten auf diese Weise bearbeitete, witzelte er gerne über das Anmachen von Salat oder das Umrühren von Spaghetti. Die ersten Patienten, die er mit der Eispickel-Methode behandelte, waren Sallie Ellen Ionesco (1917–2007) und Helen Mortensen (1915–1967), die später zu seiner Rachegöttin werden sollte.

Eine gestohlene Jugend

Die dunkelste Seite der Geschichte dieser zunehmend populären Technik war der Umstand, dass nicht nur geistig und seelisch Erkrankte unters Messer oder den Eispickel kamen. Weil Homosexualität damals in Amerika als Krankheit galt, wurde bei zahllosen Männern und Frauen dieses »widernatürliche Verlangen« mittels Lobotomie gebremst. Anderen, die von ihren Eltern als widerspenstig oder dickköpfig angesehen wurden, erging es ähnlich. Das bekannteste Beispiel hierfür ist Rose Marie »Rosemary« Kennedy (1918 bis 2005), die älteste Tochter von Joe Kennedy (1888–1969). Sie war aufsässig und neigte zur Promiskuität, weshalb ihr Vater

fürchtete, sie könne Skandale auslösen – ihr Vater, der
während der Prohibition Alkohol geschmuggelt hatte,
in aller Öffentlichkeit eine Affäre mit der Schauspielerin
Gloria Swanson führte und mit seiner Unterstützung
für Hitler mehr als nur Stirnrunzeln verursacht hatte.

Ohne seine Frau oder seine Familie zu informieren,
ließ Kennedy ein Gutachten erstellen, dem zufolge Rosemary geisteskrank war und der »Beruhigung« bedurfte.

Nach der Behandlung durch Freeman war sie tatsächlich fügsamer – und zwar so fügsam, dass sie ihr
restliches Leben vernachlässigt im Rollstuhl sitzend in
einem Heim verbrachte. Zum Zeitpunkt der Lobotomie war sie erst 23 Jahre alt, was Freeman, der zuvor
schon über 20 Kinder operiert hatte, nicht im Geringsten kümmerte. Er selbst beschrieb den Eingriff so:

> Wir drangen durch die Schädeldecke ein. Ich glaube, Rosemary
> war bei Bewusstsein. Sie hatte nur ein schwaches Beruhigungs-
> mittel bekommen. Durch den Schädelknochen hindurch setzte
> ich einen Schnitt in das Gehirn. In der Nähe der Stirn, auf beiden
> Seiten. Der Einschnitt war nicht tief, nur etwa zweieinhalb Zen-
> timeter. Dr. Watts' Instrument sah aus wie ein Buttermesser. Er
> führte es auf und ab und schnitt dabei durch die Gehirnmasse.

Immer wieder unterbrach Freeman die Operation und
stellte Rosemary Fragen oder forderte sie auf, ein bestimmtes Lied zu singen. »Anhand ihrer Reaktionen
schätzten wir ab, wie tief wir schneiden mussten.« Im
Klartext: Sie schnitten so tief, bis Rosemary nicht mehr
ansprechbar war.

Auf ihre körperliche Hülle reduziert, wurde Rosemary vor der Öffentlichkeit verborgen und erhielt nur wenig Besuch. Ihre Schwester Eunice jedoch kam regelmäßig zu ihr, und vielleicht trug Rosemarys Schicksal dazu bei, dass Eunice Mitbegründerin der Special Olympics wurde, den Wettkämpfen für geistig behinderte Menschen, die erstmals 1968 stattfanden.

Späte Rache

Schließlich waren für Freemans Lobotomien die Tage gezählt. Auslöser hierfür war der Tod der bereits erwähnten Helen Mortensen. Unzufrieden mit dem Ergebnis der ersten Behandlung von 1946, kam sie 1956 und 1967 abermals zu Freeman, wonach ihr Gehirn in einem gelinde gesagt erbarmungswürdigen Zustand gewesen sein muss. Beim dritten Eingriff verletzte der Eispickel eine Arterie in Helens Gehirn und sie verstarb. Daraufhin erkannte die American Medical Association endlich die ganze Grausamkeit des freemanschen Theaters und untersagte ihm jede Art von chirurgischer Tätigkeit.

Zu diesem Zeitpunkt hatte Freeman die Gehirne von knapp 3500 seiner Landsleute malträtiert. Einer der jüngsten Patienten, die die Prozedur überlebten, war Howard Dulby (*1948), der bei seiner Lobotomie zwölf Jahre alt war und den Freeman als »vorsätzlich bockig« bezeichnet hatte. Der arme Dulby brauchte Jahrzehnte, um sich von dem »chirurgischen Eingriff«

zu erholen, doch mittlerweile ist er wieder in der Spur und lebt zufrieden im kalifornischen San José, wo er ein Busunternehmen betreibt. Er hat allerdings als einer von wenigen Glück gehabt. Insgesamt wurden in Amerika über 40 000 Menschen lobotomisiert, in Westeuropa dagegen nur etwa 10 000. In Skandinavien sind die Menschen ja angeblich anfälliger für Depressionen und begehen häufiger Selbstmord als in anderen Ländern. In Schweden wurden zwischen 1944 und 1966 über 4500 Lobotomien durchgeführt. Gemessen an der Einwohnerzahl sind das dreimal so viel wie in jedem anderen Land, das dieser medizinische Alptraum heimgesucht hat – vielleicht ist ja genau diese Statistik der Ursprung des genannten Mythos?

Andere prominente Fälle

Vor der Lobotomie war niemand sicher. Der Schauspieler Warner Baxter (1889–1951), bekannt als Cisco Kid aus dem Film *In Old Arizona* (1928), unterzog sich 1951 auf ärztlichen Rat einer Lobotomie, die die Schmerzen seiner Arthritis lindern sollte – mit dem Effekt, dass er danach überhaupt nichts mehr spürte. Rose Isabel Williams (1909–1996), die zu Gewalt und Promiskuität neigte, wurde 1943 operiert und sammelte daraufhin still und leise, aber wie besessen kleine Tierfiguren aus Glas und inspirierte dadurch ihren Bruder Tennessee zu dem Stück *Die Glasmenagerie* (1944).

Thalidomid

Auch andere Zufallsfunde haben abscheuliche Geschichten nach sich gezogen. Eines der bekanntesten Beispiele hierfür ist Thalidomid, das nach landläufiger Meinung erstmals in den Laboren des deutschen Pharmakonzerns Grünenthal synthetisiert wurde. Der offiziellen Firmengeschichte zufolge stieß der Forschungsleiter Heinrich Mückter (1914–1987) auf den neuen Wirkstoff. Angeblich entdeckte er die Substanz, die auf Versuchstiere eine ungewöhnlich beruhigende Wirkung hatte, im Jahr 1954 während der Suche nach einer neuen Methode zur Gewinnung von Antibiotika aus Peptiden.

Trügerischer Schlaf

Ohne die fürchterlichen Folgen zu ahnen, brachte Grünenthal den Wirkstoff 1957 unter dem Namen Contergan als rezeptfreies Schlaf- und Beruhigungsmittel auf den Markt. Weil das Projekt um jeden Preis erfolgreich sein sollte, wurde Deutschland mit Gratisproben überschwemmt, und 1961 gehörte Contergan in weit mehr als vierzig Ländern zu den meistverkauften Medikamenten. Wie viele schwangere Frauen es in den ersten Jahren nahmen, ist nicht bekannt. Die ganze Katastrophe nahm erst Ende der 1950er Jahre ihren Lauf, als Contergan insbesondere Schwangeren als ein »völlig harmloses« Mittel gegen morgendliche Übelkeit empfohlen wurde.

Vor dieser gezielten Werbekampagne hatten bereits Angestellte der Firma Grünenthal sowie deren Familien das Medikament genommen. Die erste Missbildung trat an Weihnachten 1956 auf, als die Frau eines Laborassistenten ein Kind zur Welt brachte, das weder Außen- noch Mittel- oder Innenohren hatte. Der Vorfall wurde rasch unter den Teppich gekehrt, doch zwischen 1959 und 1961 gab es in acht weiteren Familien von Grünenthal-Angestellten schwerwiegende Missbildungen bei Neugeborenen. Zu diesem Zeitpunkt wusste jeder in der Firma, welche Risiken der Wirkstoff barg, und dass zunehmend aus der ganzen Welt Beweisfälle gemeldet wurden. Niemand bei Grünenthal nahm selbst noch Contergan oder ließ zu, dass jemand aus seiner Familie es auch nur anfasste. Die Führungsriege dagegen ignorierte alle Warnungen und Beweise und schlug stattdessen größtmöglichen Profit aus dem Grauen, bis sie das Medikament im November 1961 schließlich vom Markt nehmen musste.

Heinrich Mückter, dessen jährliches Grundgehalt sich auf 14 400 DM belief, erhielt allein im Jahr 1961 eine Bonuszahlung in Höhe von 320 000 DM. Das wären heute etwa 625 000 Euro. Mit den weltweit verbreiteten Missbildungen und dem daraus folgenden Leid ließ sich ordentlich Gewinn machen. Erst im September 2012 sprach Grünenthal eine Entschuldigung aus und übernahm die Verantwortung. Von den meisten Betroffenen wurde das erwartungsgemäß und zu Recht als zu spät und zu dürftig zurückgewiesen.

Sarin

Heute wissen wir, dass Thalidomid älter ist als die 1946 gegründete Firma Grünenthal. Es wurde zufällig bei Versuchen mit Nervengas entdeckt, unter gänzlich anderen Umständen und an einem Ort, der alles andere als ein grünes Tal war.

Gerhard Schrader (1903–1990) entwickelte 1938 auf der Suche nach Wegen im Kampf gegen die Hungersnöte in der Dritten Welt in den Laboren der I.G. Farben das Nervengift Sarin. Dabei unterstützte ihn Otto Ambros (1901–1990), der auch vorschlug, die Bezeichnung für den neuen Stoff aus den Nachnamen der wichtigsten Mitarbeiter zu bilden: **S**chrader, **A**mbros, **R**itter und von der L**IN**de. Für Schrader war Sarin nicht mehr als ein Phosphorsäureester, der als Insektizid zur Vernichtung von Heuschrecken und anderen Schädlingen in der Dritten Welt eingesetzt werden konnte. Das NSDAP-Mitglied Ambros hatte dagegen Pläne für eine

»anderweitige Verwendung«, von denen er auch den
Verantwortlichen bei der I.G. Farben berichtete.

Die Schrecken des Krieges

Während des Krieges unterhielt Ambros intensive
Kontakte zum Konzentrationslager Monowitz (Auschwitz III), in dem die I.G. Farben synthetische Öle und
Gummi produzierte. Die dabei eingesetzten Zwangs-
arbeiter stammten aus dem benachbarten Stammlager
Auschwitz I. Nicht mehr arbeitsfähige Häftlinge wurden regelmäßig aussortiert; weil aber die I.G. Farben
auch das Patent auf das in den Gaskammern verwendete Zyklon B hatte, profitierte die Firma in jedem Fall.

In Auschwitz führte Ambros Versuche durch, bei
denen er Häftlinge dem Gift Sarin aussetzte, um dann
die Wirksamkeit verschiedener Gegengifte zu testen.
Eines dieser Gegengifte verkaufte er keine 15 Jahre später als das Beruhigungsmittel Contergan, obwohl er bei
den Versuchspersonen, unter denen sich auch Schwangere befanden, starke Nebenwirkungen beobachtet
hatte. Auch männliche Testpersonen entwickelten pe-
riphere Neuropathien, also schwere Schädigungen der
Nervenenden, wie sie später Contergan auch bei nicht
schwangeren Patienten auslöste. Bei den Nürnberger
Prozessen wurde Ambros zusammen mit weiteren Verantwortlichen der I.G. Farben unter anderem wegen
der Versklavung von Lagerinsassen angeklagt und zu

acht Jahren Haft verurteilt. Anfang der 1950er Jahre
wurde der Chemiekonzern wieder in die Gesellschaften
zerschlagen, aus denen er im Dezember 1925 gebildet
worden war, darunter Agfa, BASF und Cassella.

Otto Ambros bei den Nürnberger Prozessen

Unfröhliche Wissenschaft

Als Ambros seine Haftstrafe antrat, begann Hermann
Wirtz (1896–1973) in Aachen mit dem Aufbau der
Firma Grünenthal, die sich schon bald zu einem Sam-
melbecken für Ex-Nationalsozialisten und zur Zwi-
schenstation für Kriegsverbrecher auf der Flucht nach
Südamerika entwickelte. Während des Krieges war Wirtz
im familieneigenen Unternehmen Mäurer & Wirtz tätig
gewesen, das hauptsächlich Seifen, Kosmetika und

Düfte hergestellt und massiv von der Arisierung profitiert hatte, der Verdrängung von Juden aus dem Berufs- und Wirtschaftsleben zugunsten »arischer« Menschen.

Zwar beschäftigten die meisten Firmen im Nachkriegsdeutschland ehemalige Nazis, doch bei Grünenthal waren es überdurchschnittlich viele. So zum Beispiel Martin Staemmler (1890–1974), zuvor Referent im Rassenpolitischen Amt der NSDAP und Autor zahlreicher Schriften zur »Rassenpflege«. Oder der SS-Arzt Ernst Günther Schenck (1904–1998), der im Lager Mauthausen mit dem Ziel der Entwicklung einer besonderen Nahrung für die SS-Truppen Versuche durchgeführt hatte, bei denen 370 Häftlinge ums Leben kamen. Schenck war auch einer der wenigen Gäste beim Empfang nach Hitlers Hochzeit mit Eva Braun kurz vor Kriegsende. Er gehörte also zum innersten Kreis. Weitere wichtige Akteure bei Grünenthal waren der SS-Hauptsturmführer Heinz Baumkötter (1912 bis 2001), der in Sachsenhausen als Lagerarzt für die Selektion arbeitsunfähiger Häftlinge zuständig gewesen war, sowie der bereits erwähnte Heinrich Mückter, der in Auschwitz auf der Suche nach einem Mittel gegen Fleckfieber menschenverachtende Versuche an Häftlingen durchgeführt hatte. Als Ambros 1952 entlassen wurde, war er sogleich in Aachen zur Stelle, wo sich die alte Seilschaft wieder zusammenfand und wenige Jahre später die Entdeckung des »neuen« Wundermittels verkündete.

Diesen Männern lasteten die Folgen von Thalidomid/Contergan nicht im Geringsten auf dem Gewissen, weder die 90 000 bekannt gewordenen Fehlgeburten noch die fürchterlichen Missbildungen – solange sie daraus Profit schlagen konnten.

Jung und willig

Als Grünenthal 1954 das Patent erhielt, gab es deutliche Hinweise, dass bereits Versuche mit Menschen durchgeführt worden waren, aber selbst die Skrupellosesten in der Firma wussten, dass sie die Ergebnisse weder veröffentlichen noch verwenden konnten. Also mussten rasch geeignete Studien erstellt werden. Als Erster wurde Dr. Jung aus Köln verpflichtet, ein willfähriger Arzt, den die Firma schon länger im Auge hatte. Er führte an etwa 20 Patienten willkürliche Tests durch, die keine vier Wochen dauerten, und überschlug sich dann geradezu vor Begeisterung über die zahllosen positiven Wirkungen des Medikaments. Unter anderem verabreichte er es vier Jugendlichen, die sich wegen exzessiven Masturbierens in moralischen Nöten befanden. Sie führten ihre einsamen Lustbarkeiten zwar fort, verspürten aber fortan weder Gewissensbisse noch Reue. Jung behauptete auch, das neue Mittel wirke gegen vorzeitigen Samenerguss und habe so die Ehen seiner verheirateten Probanden gerettet. Im Juni 1955 kam Jung auf der Grundlage solch dürftiger und fadenscheiniger Erhebungen zu dem

Strengste Maßstäbe

In das Fiasko wurde noch ein weiterer fügsamer Arzt hineingezogen, Dr. Konrad Lang, der ebenfalls nie zuvor ein Medikament vor der Markteinführung getestet hatte und jetzt für seine tendenziösen Gutachten ansehnlich entlohnt wurde. Lang ignorierte alle vorliegenden Forschungsberichte und wählte ein Vorgehen, das den früheren Lagerärzten, die ihm sein Honorar zahlten, alle Ehre gemacht hätte. An der Universitätsklinik Bonn verabreichte er vierzig geistig behinderten Kindern neun Wochen lang Thalidomid, und zwar in Dosen, die zwanzigmal so hoch wie die für Erwachsene waren. Von diesem Versuch setzte er niemanden in Kenntnis, nicht einmal die Eltern. Seine Probanden waren zwischen wenigen Wochen und sechs Jahren alt, und obwohl ein Kind infolge eines Kreislaufzusammenbruchs und zwei weitere an Herzversagen starben, ein vier Wochen altes Baby Krampfanfälle bekam und erblindete und ein drei Monate altes Kind ebenfalls an Herzversagen starb, hielt Lang in dem Bericht für seine Auftraggeber bei Grünenthal fest: »Allgemein gesprochen ist Contergan ein schnell wirkendes Sedativum, das besonders für die Anwendung bei Kindern geeignet ist.«

Im Zuge der Aufarbeitung der Contergan-Affäre behauptete Grünenthal, die Dokumentation dieser und anderer Tests, bei denen »strengste Maßstäbe« angelegt worden seien, sei vollständig verloren gegangen.

Schluss, das Wundermittel Thalidomid sei reif für den Markt.

Ein Versprechen für die Zukunft

Regelmäßig kommen Medikamente in Mode und geraten wieder in Vergessenheit, viele wandern auch zurück in die Schublade, bis irgendjemand in einem sich ständig verändernden Markt eine neue Verwendung für sie findet. So auch Thalidomid, dem manche eine goldene Zukunft in der Lepratherapie vorhersagen. 1964 injizierte Jacob Sheskin (1914–1999) einem Leprakranken am Jerusalemer Hansen-Krankenhaus eine hohe Dosis Thalidomid, was bei dem Patienten zunächst nur Schlaflosigkeit verursachte. Am nächsten Morgen sah der verblüffte Sheskin jedoch, dass der Mann in sichtlich gebessertem Zustand herumlief. Wie sich herausstellte, kann die hemmende Wirkung des Medikaments bei der Bildung von Blutgefäßen unterschiedliche Folgen haben: Sie kann zu Missbildungen und verkümmerten oder fehlenden Gliedmaßen führen, aber auch, wie etwa bei Leprakranken, die Entstehung von Geschwüren verhindern. Mit dem Augenmerk auf diese Wirkungsweise erprobt die Wissenschaft Thalidomid bei Patienten mit Arthritis, Autoimmunerkrankungen, HIV und Krebs, allerdings nur bei Männern oder bestimmten Frauen, die vorher sorgfältig ausgewählt und untersucht wurden.

Radioaktivität

Die Wüste von Nevada war in den 1950er Jahren Schauplatz zahlloser Atomtests. Einer dieser Versuche, der den Codenamen *Harry* trug und am 19. Mai 1953 durchgeführt wurde, kostete unter anderem den Schauspieler John Wayne (1907–1979) sowie die halbe Crew seines größten Flops, *The Conqueror* (1956), das Leben. Wayne hatte die Rolle des Dschingis Khan leichtfertig angenommen und spielte den Mongolenherrscher zur allgemeinen Erheiterung in cowboymäßiger Manier, indem er in Pluderhosen und mit einer Fellmütze auf dem Kopf herumstolzierte. Doch außer Gelächter bescherte er Amerika eine ganz spezielle Studiengruppe, die auch den letzten Zweifel am Zusammenhang zwischen radioaktiver Strahlung und Krebserkrankungen ausräumte.

Ahnungslos

Auch wenn es heutzutage schwer vorstellbar ist, glaubte in den 1950er Jahren niemand, der radioaktive Niederschlag von Atomtests könne irgendwelche Folgen haben. Es war doch nur ein großer Knall, oder? Als *Harry* durchgeführt wurde, lagen die Bombardierungen Hiroshimas und Nagasakis erst acht Jahre zurück, und Krebserkrankungen entwickeln sich langsam. Selbst in Japan kamen die ersten Vermutungen nicht vor Ende der 1950er Jahre auf und auch dann erkannte kaum jemand die Zusammenhänge. Vielmehr wurde der Ruf nach ausgedehnteren Forschungen laut. Viele der Betroffenen hatten Japan verlassen, verstarben an anderen Ursachen oder entzogen sich anderweitig der Beobachtung. Andere erholten sich von ihren Verletzungen und Verbrennungen und wurden 80 oder 90 Jahre alt, wodurch das Bild noch verschwommener wurde. Wenn man ferner bedenkt, dass in jeder Personengruppe, auch wenn sie keinerlei radioaktiver Strahlung ausgesetzt ist, ein gewisser Prozentsatz an Krebs erkrankt, wird die Schwierigkeit deutlich, hier ursächliche Zusammenhänge nachzuweisen, anders als bei kurzfristigen, klar definierten Auswirkungen in einer unveränderten Personengruppe.

Verkaufsschlager Radioaktivität

Auch Marie Curie (1867–1934), die nicht an Krebs starb, wie viele glauben, sondern weil sie unentwegt radioaktiver Strahlung ausgesetzt war, ahnte nichts von den Gefahren: So trug sie etwa Proben radioaktiven Mate-

rials in ihren Manteltaschen und stellte erheitert fest,
dass diese im Dunkeln schimmerten. Ihre Aufzeichnungen und ihr persönlicher Besitz werden heute in
Kisten mit Bleieinlage aufbewahrt und wer sie sehen
will, muss sich erst Schutzkleidung überziehen – ein
deutliches Indiz für ein stark verändertes Bewusstsein.

Bis in die 1960er Jahre galt radioaktive Strahlung
als gesundheitsfördernd und als eine richtig tolle Sache.
In Amerika war in den 1930er Jahren Radiumwasser
der letzte Schrei. Das Produkt des Marktführers Radi-
thor enthielt satte 74 Giga-Becquerel, je zur Hälfte in
Form von Radium-226 und Radium-228. Bis Ende der
1950er Jahre wurde der Markt mit etlichen bizarren
»Annehmlichkeiten« überschwemmt: radioaktive
Zahnpasta, Kosmetika, Zäpfchen und Kondome – das
war bestimmt ein Riesenspaß – sowie radioaktiver Tee,
strahlende Schokolade und nicht zuletzt der Atom-
baukasten, den A. C. Gilbert & Company 1950 heraus-
brachte, ein Spielzeug für Jungs, die schon alles hatten.
Für umgerechnet etwa 390 Euro bekam man zahlreiche radioaktive Proben und eine Anleitung zum Bau
einer Nebelkammer – einer Vorrichtung, die strahlende Teilchen sichtbar macht. Außerdem gab es diese
schicken Armbanduhren, die bis Ende der 1960er Jahre
weit verbreitet waren und deren Zeiger und Ziffern im
Dunkeln leuchteten, sodass man auch in der Nacht
wusste, wie spät es ist. Mancher Leser erinnert sich
vielleicht auch noch an die Röntgengeräte, die bis in die
frühen 1960er Jahre in jedem großen Schuhgeschäft

standen. Mit ihrer Hilfe konnte der Kunde seine Füße betrachten und überprüfen, ob die Schuhe, in denen sie steckten, auch richtig saßen. Aber nicht nur die Kunden machten gerne regen Gebrauch von diesen Geräten, die heutzutage vermutlich als kriminell gelten würden, sondern auch Mütter ließen unbesorgt zu, dass ihre Kinder damit spielten und alle möglichen Körperteile für mörderische Zeitspannen den Röntgenstrahlen aussetzten. Wie soll man da herausfinden, wie viele von ihnen später deshalb an Krebs erkrankten?

Atomtourismus

Als in Nevada die ersten Tests durchgeführt wurden, gab es weder Verschwörungstheorien noch wurde versucht, Dinge zu vertuschen. Das kam erst später. Wäre die krebserregende Wirkung von Radioaktivität bekannt gewesen, hätte vielleicht jemand aus der nuklearen Bruderschaft Alarm geschlagen – aber selbst die direkt an den Versuchen Beteiligten trafen keine einzige der Vorsichtsmaßnahmen, die heute üblich sind. Stattdessen suchten die Militärs »Schutz« in Gräben und hielten sich bei den Explosionen die Hand vor Augen, während die Wissenschaftler in weißen Kitteln und kurzen Hosen auf dem Testgelände herumliefen.

1954 nahm die Crew von *The Conqueror* unter der Leitung des Produzenten Howard Hughes (1905–1976) das Städtchen St. George im Bundesstaat Utah in Beschlag und brachte neben einem Hauch von Glamour etliche willkommene Dollars in die Stadt.

Zur selben Zeit zündete die US-Atomenergiekommission auf einem 150 Kilometer entfernten Testgelände im benachbarten Bundesstaat Nevada eine Bombe nach der anderen – im Laufe der Jahre insgesamt 928-mal – und versicherte der Öffentlichkeit, es bestehe keinerlei Gefahr. Auch habe die Häufung von Todesfällen bei Rindern und Schafen nichts mit den Tests zu tun. Die Behörde ließ sogar Flugblätter verteilen, die der Bevölkerung einen gewissen Stolz vermitteln sollten: »Sie spielen eine ganz konkrete und aktive Rolle im nationalen Atomprogramm.«

Auf diese Weise arglos gestimmt fuhren die Leute oft in großen Gruppen in die Wüste, um sich bei einem Picknick das Spektakel anzuschauen. Im Mai 1953 besuchte der Abschlussjahrgang der Middle Park High School in Granby, Colorado das Gelände, und auf Einladung der Verantwortlichen waren die Schüler eines Morgens bei einem Test zugegen, von dem sie ihren Freunden zu Hause berichten sollten. Es gab keine Geheimnisse und leider auch keinerlei Bedenken.

Ein Weckruf

Mit der Zeit häuften sich jedoch die Auffälligkeiten, sowohl bei den Ortsansässigen als auch bei den 220 Berühmtheiten, von denen in den Folgejahren 91 an ganz unterschiedlichen, teils seltenen Formen von Krebs erkrankten. Spätere Untersuchungen bei Besuchern des Filmsets, etwa den Angehörigen der Stars, brachten ähnlich alarmierende Ergebnisse. Zwar wurden keine nuklearen Tests durchgeführt, während die Crew sich in Utah aufhielt, in den zwölf Monaten zuvor hatte es jedoch elf Tests gegeben, unter anderem *Harry*, der mehr als doppelt so viel radioaktiven Niederschlag produzierte wie die Bomben von Hiroshima und Nagasaki zusammen. Dadurch waren das Gelände, auf dem die Filmleute drehten, der Staub, den sie einatmeten, das Wasser, das sie tranken, und auch die Luft, die sie atmeten, ebenso kontaminiert wie das Rindfleisch aus lokaler Produktion, das sie mit Genuss verspeisten.

Zu allem Unglück wurden auch noch 60 Tonnen des verseuchten Wüstensandes in die Studios nach Hollywood geschafft, damit bei nochmals oder zusätzlich gedrehten Szenen der Schauplatz dieselbe Farbe hatte. 1980 erklärte Robert Pendleton, Professor für Biologie an der Universität von Utah:

> Bei solchen Zahlen kann man durchaus von einer Epidemie sprechen. Der Zusammenhang zwischen radioaktivem Niederschlag und den einzelnen Krebserkrankungen kann zwar nicht zweifelsfrei belegt werden, weil aber in einer Gruppe dieser Größe unter normalen Umständen nur etwa 30 Personen erkranken, ist bei 91 Fällen die Verbindung mit dem Aufenthalt am Set von *The Conqueror* so offenkundig, dass sie wohl auch vor Gericht anerkannt würde.

Als dieser ursächliche Zusammenhang nicht mehr von der Hand zu weisen war, begann das Vertuschen und Herumlavieren.

Zu dürftig, zu spät

Studien aus Japan bestätigten diese Erkenntnisse und lieferten immer erdrückendere Beweise, weshalb sich die amerikanischen Behörden zunehmend Forderungen nach Entschuldigung und Entschädigung gegenübersahen. 15 000 der »Downwinders« – der Bewohner des südlichen Utah, die so genannt wurden, weil der Wind die Radioaktivität zu ihnen getragen hatte – erkrankten an Krebs. Unter ihnen war auch der Gouverneur von Utah, Scott M. Matheson (1929–1990), der zehn Angehörige an die Krankheit verlor, bevor er selbst im Alter von 61 Jahren an einem multiplen Myelom verstarb, einer äußerst seltenen Form von Krebs. Die Regierung unter George Bush sen. verschleppte die Angelegenheit so lange wie möglich, während immer mehr Betroffene starben und der Schaden dadurch immer geringer wurde. 1990 erließ sie ein halbherziges Gesetz, das denjenigen, die einen Zusammenhang zwischen der Radioaktivität, der sie ausgesetzt gewesen waren, und bestimmten Erkrankungen nachweisen konnten, 50 000 Dollar zusprach, sowie den Arbeitern in den Uranbergwerken der Region 75 000 Dollar. Nur waren die meisten dieser Arbeiter Navajo-Indianer, die noch nach Stammesritualen heirateten und keine Papiere hatten.

Abgespaced

Bei einem weiteren Test, *Pascal B*, wurde unbeabsichtigt zum ersten Mal ein von Menschen geschaffener Gegenstand ins All geschleudert – möglicherweise. Dieser unterirdische Versuch fand am 27. August 1957 unter der Leitung von Dr. Robert R. Brownlee statt und sollte planmäßig nur eine sehr geringe Sprengkraft entwickeln.

Das Experiment wurde in einem 150 Meter tiefen Schacht durchgeführt, wobei die ersten Millisekunden der Explosion gefilmt werden sollten. Der mit Beton ausgekleidete Schacht war 1,20 Meter breit und besaß oben einen Kollimator, eine Art Stöpsel mit einem Loch in der Mitte, durch das die Kamera ihren allzu kurzen Dienst versehen konnte. Auf dem Schacht lag ein zehn Zentimeter starker verschweißter Deckel. Er wog etwa 900 Kilo und ist manchen Berechnungen zufolge vor ein paar Jahren an Pluto vorbeigesegelt.

Irgendetwas ging schief mit *Pascal B*. Die Bombe hatte eine mehrere tausend Mal höhere Sprengkraft als geplant – um die 50 Kilotonnen –, wodurch der verschlossene Schacht zu einer Art Atomgewehr mit nur einer Kugel wurde, dem Deckel. Damit ein Objekt die Erdanziehung überwindet und geradewegs ins Weltall saust, muss es mindestens 11 km/s schnell sein. Weil die externen Hochgeschwindigkeitskameras über dem Schacht den Deckel nur auf einem Bild zeigten, folgerte Brownlee, dass dieser mit etwa 67 km/s davongeschossen sein musste. In irdischen Dimensionen: Mit diesem

Ein Atomtest in der Wüste Nevadas

Tempo hätte er Australien in weniger als einer Minute überquert. Manche Wissenschaftler vertreten die Ansicht, nur weil der Deckel nie gefunden wurde, müsse er noch lange nicht die Erdatmosphäre verlassen haben und jetzt durchs Weltall fliegen, außerdem wäre er dabei ohnehin pulverisiert worden. Das ist denkbar; andere glauben jedoch, er habe, geschützt durch eine Blase ultraheißer Luft, die Erdanziehung überwunden.

Das Handy

Die Technologie, die mobiles Telefonieren ermöglicht, ist das Ergebnis des zufälligen Aufeinandertreffens einer Leinwandschönheit der 1930er Jahre, eines k.u.k. U-Boot-Kommandanten aus dem Ersten Weltkrieg und eines exzentrischen amerikanischen Avantgardekomponisten. Fritz Mandl (1900–1977) war einer der wichtigsten Waffenproduzenten der Zwischenkriegszeit und besaß unter anderem eine Lizenz der britischen Firma Whitehead zur Herstellung von Torpedos. Mandl, ein Österreicher mit jüdischem Vater, war vermögend und hatte keinerlei Skrupel, Hitler und Mussolini mit Waffen und Munition zu versorgen. In späteren Jahren unterstützte er auch den argentinischen Machthaber Perón, und es darf vermutet werden, dass er seine betörende Ehefrau regelmäßig in das Bett eines Interessenten schickte, um dort einen Vertrag zu besiegeln. Diese Hedwig Eva Maria Kiesler (1914–2000) wurde in Hollywood als Hedy Lamarr bekannt, nachdem sie sich von ihrem Ehemann befreit hatte, der sich wie ein Zuhälter auf-

gespielt und sie zur wohl einzigen Frau in der Geschichte gemacht hatte, die sowohl mit Hitler als auch
mit Mussolini im Bett war.

Aber Lamarr war nicht nur atemberaubend schön,
sondern auch überaus klug. Obwohl sie bei der Heirat
mit Mandl erst 19 Jahre alt war, verfolgte sie die Gespräche, bei denen sie ihrem Mann als Schmuckstück
zu dienen hatte, äußerst aufmerksam und kannte sich
dadurch mit der Funktionsweise der Whitehead-Torpedos schon bald ziemlich gut aus. Dieses Wissen hatte
sie sich bewahrt, als sie bei einer Party in Hollywood
dem Zweiten aus dem Zufalls-Trio begegnete, dem ös-
terreichischen U-Boot-Kommandanten im Ruhestand.

Torpedo-Re-Mi

Besagter U-Boot-Kommandant hatte Robert White-
heads Enkelin Agathe (1891–1922) geheiratet. Nach dem
Krieg genoss das Paar in Österreich ein beschauliches
Dasein, bis Agathe an Scharlach starb und ihren Mann
mit sieben Kindern zurückließ, weshalb dieser die
Hauslehrerin Maria Augusta Kutschera einstellte, die
er nur zwei Jahre später zur Frau nahm. Dieser Mann
war Ritter Georg von Trapp, der später in den USA mit
seiner Frau und seinen Kindern als Familienchor *Trapp
Family Singers* Erfolge feierte.

Ende der 1930er Jahre wanderten die von Trapps
nach Amerika aus – nicht heimlich, sondern in aller

Öffentlichkeit per Bahn und Schiff –, wo Georg eines
Tages mit Hedy Lamarr zusammentraf. Weil die beiden
wenig verband, kamen sie bald auf die Whitehead-
Torpedos zu sprechen, tauschten Gedanken und Anek-
doten aus und erörterten insbesondere die Anfälligkeit
der Funksteuerung: Das im Visier befindliche Schiff
konnte seinen Funk problemlos auf die Frequenz des
nahenden Torpedos einstellen und ihn mittels eines
Störsenders vom Weg abbringen.

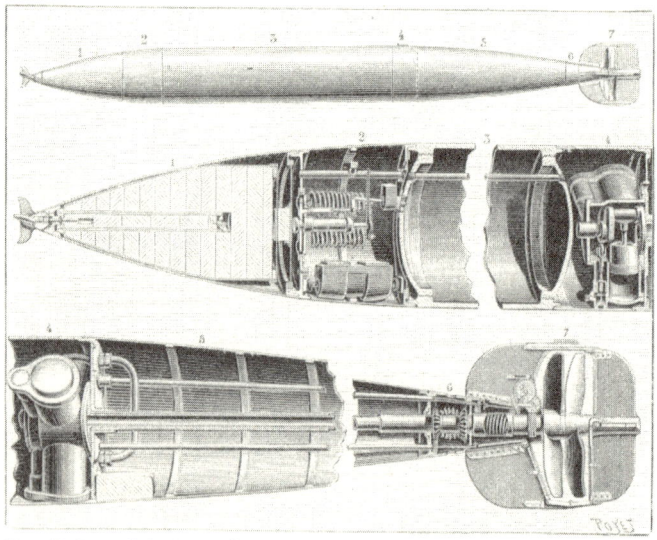

Fig. 1. — Torpille automobile Whitehead. — 1. Magasin. — 2. Chambre à secret. — 3. Réservoir d'air comprimé. — 4. Chambre des moteurs
à air comprimé. — 5. Flotteur ou chambre de flottaison. — 6. Mécanisme de commande de rotation des hélices. — 7. Hélices et gouvernails.

Der Antrieb eines Whitehead-Torpedos (1891)

Das Enfant terrible und die Oberweite

Hier wäre die Geschichte zu Ende, hätte Lamarr sich nicht größere Brüste gewünscht. Wenige Tage nach dem Gespräch mit von Trapp ging sie zu George Antheil (1900–1959), einem exzentrischen Avantgarde-Komponisten, der als Enfant terrible der amerikanischen Musik galt. Aus Gründen, die nur ihm bekannt waren – er hatte keinerlei entsprechende Ausbildung –, hielt Antheil sich für einen Fachmann auf dem Gebiet des weiblichen Hormonhaushaltes. Er hatte zu diesem Thema bereits Artikel verfasst, die in führenden medi-

Verträge und Bedingungen

In Darwin Porters Biografie *Brando Unzipped* (2006) erinnert sich Marlon Brando, wie er Hedy Lamarr einmal fragte, ob bestimmte Gerüchte der Wahrheit entsprächen. Sie antwortete:

»Damals war ich mit Fritz Mandl verheiratet. [...] Wenn mein Mann mir befahl, mit einem dieser Diktatoren ins Bett zu gehen, gehorchte ich ihm. Dadurch sprangen für ihn bessere Verträge heraus. Hitler war ziemlich affektiert und alles andere als männlich. Mussolini war der aufgeblasenste Lackaffe, den ich je kennengelernt habe. Stell dir vor, andauernd hielt er inne und wollte wissen, wie er war!«

zinischen Zeitschriften wie *Esquire* erschienen waren,
und zudem ein *Handbuch für den interessierten Herrn*
geschrieben, eine Anleitung zur sexuellen Pirsch mit
Erläuterungen der angeblichen Signale »sexueller Ver-
fügbarkeit und Empfänglichkeit« bei Frauen, die seiner
Ansicht nach an der Gesichtsfarbe abzulesen seien,
welche wiederum von den Hormonen gesteuert werde.
Antheil gab sich als eine Art Hormon-Guru für Frauen
aus, und Lamarr suchte ihn auf, um sich beraten zu
lassen, wie sie oben herum fülliger werden könnte –
kosmetische Brustvergrößerungen gab es zu dieser Zeit
noch nicht.

Wie bringt man die Musik zum Klingen?

Lamarr stellte alsbald fest, dass Antheil nicht einmal
wusste, wo bei einer Frau vorne und hinten war, und
lenkte das Gespräch auf die Komposition, mit der er
als Nächstes die Ohren seiner Landsleute traktieren
wollte: das *Ballet Mécanique*. Für dieses lärmende
Werk wollte er mehrere mechanische Klaviere sowie
etliche andere Instrumente synchronisieren, und
zwischen Lamarr und ihm entspann sich eine Diskus-
sion darüber, wie dies am besten zu erreichen wäre.
Lamarr erinnerte sich an das vorausgehende Gespräch
mit von Trapp, und da ergab sich auf einmal alles wie
von selbst: Die Funksteuerung der Torpedos könnte
mit Frequenzsprüngen arbeiten, zum Beispiel über

88 Frequenzen – entsprechend den 88 Tasten der Klaviere, die Antheil synchronisieren wollte. Kein feindliches Schiff hätte auch nur den Hauch einer Chance, sich auf ein Signal aufzuschalten, das im Sekundentakt die Frequenz wechselte, bis der Torpedo sein Ziel erreicht hatte. Die beiden perfektionierten ihre Erfindung und erhielten am 11. August 1942 das US-Patent Nr. 2.292.387, woraufhin Lamarr den Kontakt zur Marine suchte, um ihre Idee vorzustellen und zu erläutern, dass so ein Torpedo auch von einem Flugzeug abgeworfen und dann unbehelligt zu seinem Ziel gelenkt werden konnte.

Weiblich, allzuweiblich

Bei ihren Überzeugungsversuchen wirkte sich Lamarrs Schönheit zum ersten Mal in ihrem Leben nachteilig für sie aus. In den Augen der Marineoffiziere war sie viel zu hübsch, um ernst genommen zu werden. Nach ein paar spöttischen Bemerkungen über klavierspielende Torpedos schlugen sie ihr vor, sie solle lieber Kriegsanleihen und Zärtlichkeiten unter die Leute bringen und die großen Jungs mit ihren eigenen Sachen spielen lassen. Obwohl sie erklärte, dass das Steuergerät so wenig Platz brauchte, dass es in eine Armbanduhr passte, und die Torpedos von einem Schiff abgefeuert werden konnten, das sich dann in Sicherheit bringen und die Steuerung einem Flugzeug überlassen konnte, lächelten die Offiziere nur herablassend und ließen sie abblitzen.

Die Dummen waren jedoch die Offiziere, während Lamarr ihrer Zeit um Jahre voraus war. Nach dem Krieg erinnerte man sich im US-Verteidigungsministerium an ihre Idee, und während der Seeblockade Kubas 1962 kam sie erstmals zur Anwendung, wobei die Lochstreifen durch elektrische Schaltkreise ersetzt wurden. Weil Lamarrs Patent abgelaufen war, konnte das US-Militär die Idee einfach übernehmen und erneut patentieren lassen, diesmal als Frequenzsprungverfahren. Die Nutzung von Lamarrs Erfindung blieb so dem US-Militär vorbehalten, bis sie 1982 freigegeben wurde und die Telekommunikationskonzerne sich wie ausgehungerte Wölfe darauf stürzten und die Plage des modernen Alltags entwickelten: das Handy. Hedy Lamarr verstarb im Jahr 2000 in bescheidenen Verhältnissen in Florida und hat für ihre Erfindung nie einen Cent gesehen.

Starlite

Stellen Sie sich ein Material vor, das Sie wie Farbe überall auftragen könnten, von Ihrer Haut bis hin zu Ihrem Auto, und das Sie vor Temperaturen bis über 3000 °C und sogar einer atomaren Explosion schützen würde. Eigentlich brauchen Sie sich dieses Material gar nicht vorzustellen, denn es existiert schon. Nur ist dummerweise der Erfinder verstorben, ohne sein Geheimnis zu verraten.

Ein haarsträubender Plan

Maurice Ward (1933–2011), ein etwas eigenwilliger und starrsinniger Friseur aus Yorkshire, war wie Percy Shaw ein leidenschaftlicher Tüftler und ebenfalls vom Zufall begünstigt. Nicht nur braute er seine eigenen Haarpflegeprodukte und Färbemittel zusammen, für die etliche seiner Kollegen weite Wege auf sich nahmen, er experimentierte ebenso gern einfach drauflos. Das bekannteste Resultat seiner Versuche war Starlite.

Anfang der 1980er Jahre bot ein Werk des Chemie-
konzerns ICI eine Strangpressmaschine zum Verkauf
an. Wards Interesse war geweckt, er kaufte die Maschine für einen Spottpreis, baute sie in seiner Werkstatt auf und fing an, nach Herzenslust mit allen
möglichen Substanzen und Mischungen zu experi-
mentieren. Als er erfuhr, dass ICI für Citroën ein neues
Material für Motorhauben entwickelte, machte er sich
ebenfalls an die Arbeit, doch aus der Maschine kamen
seinem Bericht zufolge »… nur Brocken. Wir machten
Granulat daraus, kippten das Zeug in Tonnen und ver-
gaßen es.«

Einige Zeit später, am 22. August 1985, ereignete sich
am Flughafen von Manchester ein Unglück, bei dem
ein Flugzeug der British Airtours beim Start Feuer fing
und 55 Personen binnen Sekunden ums Leben kamen.
Das Ereignis war ein Schock für die gesamte Region,
und Maurice Ward setzte sich daraufhin zum Ziel, ein
nicht brennbares Material zu entwickeln. Er zog die
Tonnen mit dem Granulat aus seinem Motorhauben-
Versuch wieder hervor, und weil er nicht wusste, was
er sonst damit anstellen sollte, schnappte er sich den
Küchenmixer seiner Frau, verrührte die Körnchen mit
Lösungsmitteln und schickte sie wieder durch die
Strangpressmaschine. Als das Gerät die erste Lage des
neuen Materials ausgespuckt hatte, hielt Ward einen
Schweißbrenner davor. Die 2500 °C hinterließen nicht
die geringste Spur. Um zu prüfen, ob es auch als Hitze-
schild funktionierte, legte er ein Stück des Materials auf

seinen Handrücken und ging wieder mit dem Schweißbrenner darüber. Er hatte mit heftigen Verbrennungen
gerechnet, spürte aber nicht einmal die Hitze.

Gebratene Eier

Ward hatte ein Material entdeckt, das das Dreifache
der Temperatur aushielt, bei der Diamanten schmelzen, und dabei selbst kalt wie Stein blieb. Das ideale
Material für Brandschutztüren oder für Panzer zum
Schutz gegen Laserwaffen. Es könnte sogar auf Rake-
tenabschussrampen angebracht werden, die kühl bleiben würden und keine Gefahrenquelle mehr wären.
Niemand glaubte ihm. Statt ihm die Tür einzurennen
und ihm Milliardenverträge unter die Nase zu halten,
behandelten ihn Wissenschaft und Wirtschaft wie
einen wichtigtuerischen Scharlatan. Also beschloss
Ward 1990, sich selbst in *Tomorrow's World* zu vermarkten, einer angesehenen Wissenschaftssendung im
britischen Fernsehen.

Zu Beginn der Sendung stand der Moderator Peter
McCann hinter einem Arbeitstisch. Darauf lag ein Ei,
auf das er einen Schweißbrenner richtete. In weniger
als einer Sekunde war das Ei geplatzt. Dann schwenkte
die Kamera auf einen zweiten Schweißbrenner, der in
einer Schraubzwinge eingespannt war und direkt mit
voller Kraft auf ein in Starlite gewickeltes Ei brannte.
McCann schlenderte zu einem im Studio aufgebauten

Düsenjäger und sprach über die Notwendigkeit von
Brandschutz in der Luftfahrt, bis er nach ein paar
Minuten wieder zu dem Ei zurückkehrte. Die der
Flamme zugewandte Seite des Eis war zwar schwarz,
aber als er das Ei mit dieser Seite nach unten in seine
Hand legte, sagte er, es habe sich kaum erwärmt.
Dann schlug er es auf und zeigte, dass es noch roh
war.

Jetzt bekam Ward die Aufmerksamkeit, die er sich
wünschte, und natürlich war nicht nur die Wirtschaft
interessiert. Die Atomwaffenabteilung des britischen
Verteidigungsministeriums bestürmte ihn, dicht gefolgt von weiteren Waffenherstellern sowie Boeing, der
NASA und anderen.

Die heiße Testphase

Starlite wurde unter Laborbedingungen zahlreichen
Tests unterzogen, die es alle mit Bravour bestand. Die
Tüftler im Verteidigungsministerium gaben sich nicht
mit Schweißbrennern zufrieden und wollten wissen,
ob Starlite auch eine simulierte atomare Explosion mit
Temperaturen bis zu 10 000 °C aushalten würde. Sie
wiederholten den Versuch immer wieder, doch am
Ende war das Probestück nur an den Rändern leicht
geschwärzt. Außerdem blieb es so kühl, dass man es
nach jedem Testvorgang berühren konnte. Die Forscher hatten nach jedem »Schlag« eine Abkühlphase

von zwei Stunden eingeplant, mussten aber jeweils nur zehn Minuten warten – allerdings nicht, weil Starlite sich gegen die nächste Höllenfahrt gesperrt hätte, sondern weil die Versuchsanordnung wiederaufgebaut werden musste. Die Techniker ahnten, dass sie das Viereck aus Starlite noch hunderte Male beschießen konnten, doch letztlich würde nicht das Material schlappmachen, sondern ihre Geräte. Man muss sich hierbei in Erinnerung rufen, dass sich die widerstandsfähigsten Materialien bei etwa 2000 °C auflösen. Reiner Kohlenstoff hält etwa 3500 °C aus, und Starlite steckte fast dreimal so hohe Temperaturen ohne Weiteres weg.

Anschließend wurde das neue Material in der Abteilung für Radar- und Signaltechnik getestet. Es wurde mehrmals mit Laserstrahlen beschossen und überstand die Versuche erneut vollkommen unbeschadet. Laserbündel, die jedes andere Material durchdrungen hätten, verursachten nur kleine Vertiefungen. Die Zeitschrift *International Defence Review* berichtete 1993: »Starlite wies nur geringe Schäden an der Oberfläche auf, kleine Dellen, die etwa den Durchmesser des Lasers hatten und kaum Anzeichen eines Schmelzvorgangs zeigten.« Professor Keith Lewis, der die Versuche leitete, bescheinigt Starlite »einzigartige Eigenschaften, die es deutlich von den anderen hitzeabweisenden Materialien unterschieden, die es zu der Zeit gab.« Aber niemand wusste, woran es lag, dass Starlite so extremen Bedingungen standhielt.

Eine harte Nuss

Nur einmal gab Ward ein Stück Starlite aus der Hand. Widerwillig vertraute er es einer Spezialeinheit der britischen Armee an, die es zu einem nuklearen Testgelände in New Mexico flog. Dort ließ es die Zerstörungsversuche der Amerikaner ungerührt über sich ergehen. In England gingen die Wissenschaftler zur selben Zeit aufs Ganze und setzten ihre Starlite-Probe einer Explosion aus, die 75-mal heftiger war als die von Hiroshima. Nichts! Die NASA zeigte größtes Interesse, nicht zuletzt weil die 75 mm starken Hitzeschutzkacheln auf dem Space Shuttle einen Gütefaktor von 1,2 besaßen (dieser Wert gibt die Fähigkeit eines Materials zur Energieabsorption an), Starlite dagegen einen Gütefaktor von 2470, und das bei einer Stärke von 1 mm – kein kleiner Unterschied! Auch Boeing wollte alle seine Flugzeuge mit Starlite verkleiden, vor allem die Air Force One, die Maschine des US-Präsidenten.

Doch Ward zeigte sich stur und uneinsichtig, und so wurden alle Gespräche abgebrochen. Oder wollte er einfach nur sich selbst treu bleiben? Jedenfalls ging er auf die Forderungen möglicher Investoren nicht ein. Wie viel ihm auch dafür geboten wurde, er überließ niemandem, der die Zusammensetzung von Starlite herausfinden wollte, eine Probe des Materials. Weder meldete er ein Patent an, noch legte er sein Geheimnis offen. Wer mit ihm ins Geschäft kommen wollte, musste ihm 51 Prozent der Anteile zugestehen, wobei er keinem der anderen Beteiligten verraten wollte, wie er das Material herstellte. Sämtliche Verhandlungen scheiterten. Ward selbst hat sich dazu so geäußert:

> Viele Leute haben behauptet, ich sei ein niederträchtiger Idiot, ich sei habgierig und dürfe Starlite der Welt nicht vorenthalten. Das ist einer der Gründe, weshalb ich alles für mich behalten wollte. Ich habe es wieder und wieder gesagt: Ich will Schutz gewähren, nicht zu Zerstörung beitragen.

Wir werden wohl nie erfahren, woraus Starlite bestand, denn im Mai 2011 nahm Ward das Geheimnis dieser sensationellen Zufallsentdeckung mit ins Grab. Seine Witwe Eileen Ward, die im Handelsregister noch immer als Geschäftsführerin der Starlite Technologies and Stud Ltd. verzeichnet ist, beratschlagt bis heute mit sich allein.

Pykrete

Mitte der 1930er Jahre ging der österreichische Chemiker und Polymerwissenschaftler Hermann Mark (1895 bis 1992) der Frage nach, warum die Materialien, die er während seiner Forschungen herstellte, bei niedrigen Temperaturen spröde und zerbrechlich wurden. Dazu lagerte er etliche Proben in einem Kühlraum, den er vorsichtshalber mit Sägemehl ausgestreut hatte, um nicht auszurutschen.

Als er einmal mit seinen Assistenten den Kühlraum reinigte, stellten sie fest, dass sich das Eis auf dem Boden, anders als das in den Regalen und auf den Behältern, nur äußerst schwer lösen ließ, und als sie Stücke davon in ein Waschbecken legten, schmolzen diese ungewöhnlich langsam. Mark prägte sich dieses Phänomen ein, allerdings nur als eine Art interessantes Rätsel. Für ihn als Juden gab es jetzt Wichtigeres im Leben: die Flucht vor den Nationalsozialisten.

1937 begegnete er einem Direktor der Canadian International Pulp and Paper Corporation, der ihm eine Forschungsposition in Hawkesbury, Ontario anbot, wo die Firma an einem Verfahren zur Herstellung synthetischer Wolle aus Zellstoff arbeitete. Mark versicherte ihm, er werde versuchen zu kommen, wollte aber nichts versprechen. Diese zufällige Begegnung festigte seinen Entschluss, nach Nordamerika zu fliehen.

Der Ski-Pass

Um nicht wie so viele andere Juden völlig mittellos ins Exil gehen zu müssen, ersann Mark, erfinderisch wie er war, einen Plan. So unauffällig wie möglich kaufte er große Mengen Platin, bis er Anfang des Jahres 1938 für den großen Schritt bereit war.

Zwar musste er hohe Bestechungsgelder zahlen, doch schon bald erhielt er für sich und seine Frau die Ausreisepapiere für einen Skiurlaub in der Schweiz. Gekleidet und ausgestattet, als sei dies wirklich der Zweck ihrer Reise, ließen sie es über sich ergehen, dass bei sämtlichen Kontrollen ihre wenigen Gepäckstücke nach Hinweisen auf ein Fluchtvorhaben durchsucht wurden, bis sie schließlich, mit Skiern auf dem Dach und einem Hakenkreuzwimpel am Heck, in die Schweiz einreisten und in Sicherheit waren. Mark war der Devise gefolgt, dass man Dinge am besten dort versteckt, wo sie am sichtbarsten sind, und so hatten die Beamten, die das Gepäck durchwühlten, nicht bemerkt, dass die Kleiderbügel allesamt aus reinem Platin waren.

Eine frostige Entdeckung

Mark gelangte zwar nach Montreal, änderte jedoch seinen Entschluss und verzichtete auf die Stelle bei der kanadischen Papierfirma und trat stattdessen eine Professur am Polytechnischen Institut von New York an, wo gerade ein Polymerforschungsprogramm ins Leben gerufen wurde. Dort erinnerte er sich 1943 an das anomale Eis in seinem Wiener Kühlraum, und nachdem er es in mehreren Versuchen reproduziert hatte, veröffentlichte er einen Aufsatz über die außergewöhnliche Festigkeit von Eis, das 14 Prozent Sägemehl oder Baumwollfasern enthält. Niemanden interessierte das – noch nicht.

Als kurz darauf das britische Verteidigungsministerium Überlegungen anstellte, wie abgeflachte Eisberge als Luftwaffenstützpunkte im Atlantik genutzt werden könnten, fiel Marks bislang unbeachteter Aufsatz durch Zufall dem Journalisten Geoffrey Pyke (1893–1948) in die Hände, der ein Faible für solch ungewöhnliche Dinge hatte.

Weil Pyke sich mit einigen Passagen des Artikels schwer tat, in denen von Zugfestigkeit und Scherlast die Rede war, suchte er Rat bei Max Perutz (1914–2002), einem in Cambridge tätigen Chemiker, der, wie der Zufall es wollte, in Wien ein Schüler Hermann Marks gewesen war (und der nach dem Krieg in Cambridge die Abteilung für Molekularbiologie gründete, an der Watson und Crick die Struktur der DNA entdeckten). Perutz berichtete später, hätte er Mark nicht gekannt und geschätzt, hätte er dem Aufsatz nicht die geringste Beachtung geschenkt. Darin behauptete Mark, dass Eis mit einem 14-prozentigen Anteil an Sägemehl eine mit Beton vergleichbare Festigkeit besaß, und deutlich langsamer schmolz als reines Wassereis. Es ließ sich auch in jede beliebige Form bringen, ohne zu brechen oder an Festigkeit einzubüßen.

Eisige Luftschlösser

Getrieben von grenzenloser Begeisterung bedrängte Pyke daraufhin die verantwortlichen Militärs so lange, bis selbst die unwilligsten sich seine Idee anhörten. Statt Eisberge hinaus auf den Atlantik zu schleppen und sie dort als Flugwaffenstützpunkte zu verwenden, schlug er vor, aus dem verstärkten Eis schwimmende Festungen mit einem Gewicht von bis zu zwei Millionen Tonnen zu bauen. Diese könnten, so schwärmte Pyke, mittels fest installierter Gefrieranlagen laufend instand gehalten werden, und durch Bomben verursachte Schäden wären im Handumdrehen repariert, indem man Meerwasser und Sägemehl in die Krater pumpte. Kinderleicht! Sein stärkster Verbündeter bei diesem scheinbar verrückten Vorhaben war der Marineadmiral Lord Louis Mountbatten (1900–1979), der kurzerhand einen großen Kühlraum im Londoner Smithfield Market in Beschlag nahm, um dort weitere Experimente durchführen zu lassen. Pyke und Perutz fanden bald heraus, dass eine Beimengung von nur vier Prozent Sägemehl das beste Ergebnis hervorbrachte: Eis, das hart wie Beton war und dessen Schmelzgeschwindigkeit weit jenseits des Normalen lag.

Dies war die Geburtsstunde des außergewöhnlichen Projekts Habakkuk, benannt nach dem biblischen Propheten, der verkündet hatte: »Denn ich will etwas tun zu euren Zeiten, was ihr nicht glauben werdet, wenn man davon sagen wird.« Weil leider nur wenige der Ministerialbeamten so gelehrt waren wie Pyke, wurde der Name in den Akten zu Habbakuk verfälscht, woran sich aber niemand wirklich störte.

Zwar stellten kritische Stimmen die Sinnhaftigkeit des Vorhabens infrage, weil aber Mountbatten das Projekt unterstützte, waren sich bald alle einig, dass Pykes Idee wahrlich visionär sei. Um Winston Churchill von der Bedeutung dieses »Pykrete« (aus *Pyke* und engl. *concrete* = Beton) zu überzeugen, fuhr Mountbatten kurzerhand nach Chequers Court, dem offiziellen Landsitz des britischen Premiers, marschierte schnurstracks ins Badezimmer und warf einen Block von dem Wundereis in die Wanne, in der Churchill gerade lag und eine Zigarre rauchte. Während das Stück Pykrete auf dem heißen Wasser schaukelte und keine Anzeichen der Veränderung zeigte, hielten die beiden Herren ein Schwätzchen. Als Churchill schließlich überzeugt war, vereinbarten sie, Pykrete beim bevorstehenden Treffen der Alliierten im August 1943 im kanadischen Québec vorzustellen. Und diese Vorstellung war nicht von schlechten Eltern.

Ein Schuss, der nach hinten losgeht

Mit seiner kindlichen Begeisterung für Waffen hatte
Mountbatten die Festigkeit von Pykrete bereits getestet, doch keine seiner zahlreichen Waffen hatte – selbst
aus nächster Nähe abgefeuert – auf dem Material mehr
als nur ein paar oberflächliche Kratzer hinterlassen.
Dieses Phänomen wollte er in Québec auf möglichst
dramatische Weise demonstrieren. Als die wichtigsten
Teilnehmer der Konferenz versammelt waren, trat er
vor das Auditorium, schilderte kurz das Projekt
Habakkuk, zückte dann einen Revolver und schoss auf
einen gewöhnlichen Eisblock, der erwartungsgemäß
beim Einschlag der Kugel zerbarst. Als die Sicherheits-
kräfte in den Saal stürmten, ebenfalls mit gezückten
Waffen, schoss Mountbatten auf einen Block Pykrete,
der intakt blieb und die Kugel ablenkte, die daraufhin
ungemütlich nah am Kopf des Oberkommandeurs der
britischen Luftwaffe Sir Charles Portal vorbeisauste,
und dann dem amerikanischen Flottenadmiral Ernest
King eine leichte Wunde am Bein zufügte.

Noch nicht gewonnen, schon zerronnen

Der Vollständigkeit halber muss gesagt werden, dass
die Amerikaner sich nicht nur wegen dieses Zwischen-
falls weigerten, 100 Millionen Dollar für das Projekt
locker zu machen, sondern auch, weil sie selbst bereits
moderne Flugzeugträger bauten, die sie zu Recht für

Eine Lösung ohne Problem

In der Fernsehserie *MythBusters – Die Wissensjäger* wurden einmal Versuche mit Pykrete angestellt, die zeigten, dass Schüsse aus einem Revolver daran abperlen wie Wasser an einer Teflonpfanne, und dass der Bau von Schiffen aus Pykrete zumindest denkbar ist. Ohne Zweifel ist es unglaublich bruchfest und lässt sich günstig herstellen. 1985 wurde es sogar als Baumaterial für den neuen Hafen in Oslo in Erwägung gezogen. Vielleicht ist Pykrete im Moment einfach dazu verdammt, sein Dasein als ein kurioses Material zu fristen, für das noch niemand eine sinnvolle Verwendung gefunden hat.

geeigneter hielten. Nachdem die Amerikaner die Idee lachend zurückgewiesen hatten, distanzierten sich Mountbatten und Churchill sowohl vom Projekt Habakkuk als auch von Geoffrey Pyke, der sich nun einer wahren Flut von Fragen ausgesetzt sah, die schon längst hätten gestellt werden müssen. Wenn ein Eisberg, wie ja allgemein bekannt war, nur mit einem Siebtel seines Volumens aus dem Wasser ragte, wie wollte Pyke dann seine schwimmenden Festungen antreiben oder manövrieren? Wenn die Temperatur auf so einem Klotz nicht unter null Grad sinken durfte,

wo sollte dann die Besatzung wohnen? Und was war
mit der Hitze, die beim Kochen, beim Heizen, durch
Lichtquellen und bei all den anderen Tätigkeiten entstand, die auf einem Luftwaffenstützpunkt nun einmal anfielen?

Zermürbt von diesem Sturm an kritischen Fragen
nahm Pyke am 21. Februar 1948 eine Überdosis Schlaf-
tabletten und hinterließ der erbarmungslosen Welt
einen wirren und anklagenden Abschiedsbrief. Max
Perutz, der von allen Beteiligten am längsten überlebt
hat, nannte das Projekt später irrsinnig und dumm,
und vielleicht war es das auch – vielleicht.

Eine Schiffsladung Uran

Am Morgen des 16. Juli 1945 standen Robert Oppenheimer (1904–1967) und seine Kollegen in der Wüste bei Alamogordo, New Mexico und warteten. Sie wollten wissen, ob ihre neue Waffe funktionierte. Um 05:29:21 Uhr Ortszeit war es so weit. Der Ort der Explosion erhielt die Bezeichnung Ground Zero. Von dort aus wurde gemessen, wie weit das sich ringsum erstreckende Feld der Zerstörung reichte, etwa »GZ+1« (1 Meile Umkreis). Bei diesem Test will Oppenheimer auch, den Blick in die Ferne gerichtet, diesen düsteren Gedanken gefasst haben: »Jetzt bin ich der Tod geworden, der Zerstörer der Welten.« Das ist nicht nur eine sehr freie Übersetzung von Vers 32 des 11. Gesangs des Hindu-Epos Bhagavadgita, sondern Oppenheimer »entsann« sich auch erst 20 Jahre später, diese Worte gesagt zu haben. Andere Anwesende hatten ein besseres Gedächtnis: So erinnert sich etwa Oppenheimers Bruder Frank an ein markiges »Heilige Scheiße, es hat geklappt«, dem der Leiter des Experiments Kenneth Bainbrigde hinzufügte: »Was sind wir nur für Hurensöhne!« Wie auch immer es gewesen sein mag, für uns ist interessant, dass

durch diesen Test die amerikanischen Vorräte an an-
gereichertem Uran weiter dahinschmolzen. Das Ganze
funktionierte also, schön und gut, doch das jetzt noch
vorhandene waffenfähige Material reichte nicht aus, um
wie geplant Japan zu bombardieren. Doch der Zufall
hatte sich bereits alle Mühe gegeben, dieses Problem zu
lösen, und zwar tausende Kilometer entfernt, in einem
deutschen U-Boot im Atlantik.

Spätzünder

Die Angriffe auf Hiroshima und Nagasaki gelten heute
als eine durch nichts zu rechtfertigende, entsetzliche
Tragödie. Was jedoch weitgehend unbekannt ist und
auch gerne verschwiegen wird, ist die Tatsache, dass
Japan ebenfalls den Bau einer Atombombe anstrebte.
Die japanische Marine betrieb ein Forschungspro-
gramm unter der Leitung von Dr. Bansaku Arakatsu,
und am RIKEN-Institut forschte Dr. Yoshio Nishina
schon seit 1937 zu diesem Thema.

Glücklicherweise verlor die japanische Marine nach
ihren Erfolgen im Pazifik das Interesse an ihrem For-
schungsprogramm etwa zur selben Zeit, als Nishina
ein Missgeschick unterlief, wie es selbst den klügsten
Köpfen passieren kann.

Damit ein nuklearer Sprengkopf explodiert, müssen
seine Bestandteile innerhalb von 0,003 Sekunden
zusammengepresst werden. Nishina setzte offenbar das

Komma an die falsche Stelle und kam so auf 0,03 Sekunden, wodurch sich das RIKEN-Projekt um mehrere Monate verzögerte. Diese Verzögerung war entscheidend. Einige Monate vor dem Angriff auf Hiroshima führten die Japaner im Meer vor der nordkoreanischen Hafenstadt Hungnam, in der sie ein geheimes Entwicklungszentrum betrieben, einen Test durch. Manche Historiker behaupten, dieser Test habe nie stattgefunden. Falls das zutrifft, wäre es äußerst seltsam, dass die Sowjetunion kurz nach dem Angriff auf Hiroshima Japan auffallend schnell den Krieg erklärte und ein Sonderkommando nach Hungnam schickte, um das gesamte Personal sowie sämtliche Unterlagen und Gerätschaften dingfest zu machen und eilig nach Moskau zu bringen. Damals schätzte der amerikanische Geheimdienst, die Sowjets seien noch etwa 20 Jahre vom Bau der Atombombe entfernt; nach dem Koreakrieg war nur noch von drei bis fünf Jahren die Rede.

Kursänderung

Als Hitler das Menetekel an der Wand seines Bunkers nicht mehr übersehen konnte, ließ er sämtliche Vorräte an unverarbeitetem, waffenfähigem Uran nach Japan verschiffen, damit die Japaner ihr Nuklearprogramm fortsetzen und den Krieg weiterführen konnten. Für diese Mission wurde das U-Boot *U 234* ausgewählt, das am 15. April 1945 unter dem Kommando

von Kapitänleutnant Johann Fehler Kurs auf Japan
nahm. An Bord waren auch die beiden japanischen
Leutnants Hideo Tomonaga und Genzo Shoji. Als
U 234 mitten im Atlantik war, erfuhr Fehler über Funk
von der Kapitulation Deutschlands und der Anweisung an alle U-Boote, aufzutauchen, eine schwarze
Flagge zu hissen und sich bei der nächsten Gelegenheit
den Alliierten zu ergeben.

Was tun? Fehler hatte drei Möglichkeiten: sich den
Briten ergeben, sich den Amerikanern ergeben oder so
schnell wie möglich auf eine abgelegene Insel flüchten,
um drohenden Repressalien zu entgehen – U-Boot-
Kommandanten waren nicht gerade die Lieblinge der
Alliierten. Die Flucht auf eine Insel wurde schon bald

U 234 kapituliert vor der USS *Sutton*

als Fantasterei verworfen, es blieb also die Wahl zwischen Briten und Amerikanern. Großbritannien lag näher an der Heimat, hatte aber so stark unter deutschen Bombenangriffen gelitten, dass Fehler fürchtete, man würde ihn und seine Crew dort nicht besonders freundlich empfangen. Amerika könnte sich als milder erweisen, aber von dort war es ein langer Weg zurück nach Deutschland. Gerüchten zufolge hat Fehler sich für Amerika entschieden, indem er eine Münze warf. Ob dem nun so war oder nicht, er hatte noch immer die beiden fanatischen Japaner an Bord, die darauf drängten, die Mission planmäßig zu Ende zu führen. Ob durch eigenen Entschluss oder auf Anordnung Fehlers, Tomonaga und Shoji nahmen jeder eine Überdosis Schlafmittel und wurden auf See bestattet, und *U 234* nahm Kurs auf Amerika.

Hinterrücks erwischt

Am 14. Mai 1945 tauchte *U 234* vor der Küste Neufundlands auf und ergab sich dem amerikanischen Geleitzerstörer USS *Sutton*. In einer von Misstrauen und Nervosität geprägten Atmosphäre lag bei einigen schon der Finger auf dem Abzug, doch forderte die Prozedur nur ein Opfer, einen amerikanischen Matrosen, dem auf der Leiter des U-Boot-Kommandoturms ein Schuss aus der entsicherten Waffe seines Hintermannes in den Allerwertesten fuhr. Die Amerikaner eskortierten *U 234* an die Küste Neuenglands, von wo aus die 560 Kilo Uranoxid zügig zu Oppenheimer gebracht wurden, der dafür sorgte, dass das Material an seinen Bestimmungsort gelangte.

Ein Glücks-Pilz?

Ob Tsutumo Yamaguchi (1916–2010) ein Glückspilz oder ein Pechvogel war, lässt sich schwer sagen. Im Mai 1945 entsandte Mitsubishi ihn in eine Werft nach Hiroshima, wo er zusammen mit zwei anderen technischen Zeichnern Entwürfe anfertigen sollte. Am 6. August hatten sie die letzten Arbeiten erledigt und verließen gerade die Firmenunterkunft in Richtung Bushaltestelle, als Yamaguchi bemerkte, dass er einige Unterlagen vergessen hatte. Er sagte seinen Kollegen, sie sollten ohne ihn fahren, ging zurück zur Werft, holte die Unterlagen und machte sich wiederum in Richtung der Bushaltestelle auf, die etwa drei Kilometer entfernt lag. Yamaguchi ging also über freies Gelände, als die *Enola Gay* ihre Bombe abwarf. Trotz Verbrennungen und obwohl er »auf einem Ohr ein bisschen schlecht hörte«, bahnte er sich nach der Explosion seinen Weg durch das Chaos und nahm einen Zug zurück zur Firmenzentrale – und die lag in Nagasaki.

Am 9. August stand er um 11 Uhr im Büro seines Chefs und berichtete von den Ereignissen. Während sein Chef noch zeterte und ihn anschrie, er sei ja wohl verrückt, eine einzige Bombe könne doch nicht so viel Zerstörung anrichten, sah Yamaguchi eine Explosion, deren Form ihm nur allzu bekannt vorkam:

> Wir lagen beide auf dem Boden. Der Direktor rief: »Hilfe! Helfen Sie mir!« Ich begriff sofort, was geschehen war und dass es dasselbe wie in Hiroshima war. Aber ich war so wütend auf den Direktor, dass ich aus dem Fenster kletterte und davonlief, um mich selbst in Sicherheit zu bringen.

Yamaguchi überließ seinen tobenden Chef sich selbst und schlug sich nach Hause zu seiner Frau durch. Am 15. August hatte er sich so weit erholt, dass er wieder aufrecht sitzen und im Radio Kaiser Hirohitos Rede verfolgen konnte, in der dieser die Kapitulation Japans ankündigte.

Lochkartenmaschinen

Als der junge Herman Hollerith (1860–1929) auf der Rückfahrt von einem Besuch bei seiner Auserwählten einem Eisenbahnschaffner bei der Arbeit zusah, konnte niemand ahnen, dass er eine Technik entwickeln würde, die unter anderem den Nationalsozialisten dabei half, den Mord an Millionen von Menschen auf grauenhaft industrialisierte Weise zu organisieren.

Der Orgelschüler

Die Geschichte von gelochtem Karton als Informationsträger reicht bis zum Beginn des 18. Jahrhunderts zurück, als ein aufmüpfiger französischer Junge zur Strafe für eine Spitzbüberei in der Orgelwerkstatt seines Vaters mithelfen musste. Der junge Basile Bouchon zeigte sich erst uninteressiert und faul, sah aber schon bald fasziniert zu, wie sein Vater die Luft in bestimmte Kanäle leitete, indem er einfach die entsprechenden Sperren herauszog oder hineinschob. Bouchon merkte sich dieses simple Prinzip des *Auf-oder-zu* und erfand in den 1720er Jahren einen Lochkartenwebstuhl, mit dem später ein gewisser Joseph Marie Charles (1752 bis 1834), besser bekannt unter seinem Spitznamen Jacquard, zu Ruhm und Ehren gelangte. Durch Jacquard fanden die Lochkartenwebstühle internationale Verbreitung. Sie waren auch eine wichtige Anregung für Charles Babbage (1791–1871) und seine mechanische Rechenmaschine, die er gemeinsam mit Ada Lovelace (1815–1852) entwickelte, der Tochter des Dichters Lord Byron. Lovelace gilt übrigens – noch vor den ersten männlichen Kollegen – als erste Programmiererin der Geschichte. Doch nun zurück zum verliebten Herman.

Enttäuschte Hoffnungen

Als Kind hatte Hollerith Schwierigkeiten beim Lernen und vermutlich auch eine Leseschwäche, weshalb er die Regelschule verließ und Privatunterricht erhielt, damit er seinen Traumberuf ergreifen konnte. Er wollte Bergbauingenieur werden und schaffte 1879 an der Columbia University mit Mühe den Abschluss in Montanwissenschaften. Da er wegen seiner schlechten Noten in den schriftlichen Arbeiten und den praktischen Fächern keine Stelle fand, wie er sie sich erhofft hatte, trat er in die Dienste des United States Census Bureau in Washington, wo die Vorbereitungen für die Volkszählung von 1880 in vollem Gange waren. Dort verfiel er dem Charme von Kate Sherman Billings (1866–1933), der Tochter von John Shaw Billings (1838–1913), dem Leiter der Volkszählung. Wenn er bei Familie Billings zu Besuch war, hatte der junge Herman alles andere im Sinn als Lochkartenmaschinen, aber er hörte höflich zu, wie John Billings darüber klagte, dass es keine Maschine gab, die seiner Behörde die Arbeit abnahm, die damals eine unvorstellbare Plackerei war, da alles von Hand notiert und ausgezählt werden musste.

Weil Hollerith die Eltern des Objekts seiner unehrenhaften Begierde beeindrucken wollte, diskutierte er mit Billings eines Abends über mögliche Lösungen dieses Problems, wobei sie aber die Methode der Jacquard-Webstühle schon bald als unzureichend verwarfen. Nicht nur würde durch einen einzigen Fehler oder eine einzige Änderung in den Daten einer Person die ganze jeweilige Rolle unbrauchbar, das System war außerdem zu einfach, wie die Orgel, die ihm als Vorbild gedient hatte. Es kannte nur zwei Zustände: offen oder geschlossen – Faden aufnehmen oder Faden nicht aufnehmen. Für eine Volkszählung war dagegen ein System erforderlich, das mehrere Angaben zu einer Person erfasste, das also in einer Art mechanischer Kurzschrift vielfältige Informationen festhalten konnte. Hollerith versprach, weiter darüber nachzudenken, verabschiedete sich und nahm den letzten Zug nach Hause.

Die Muster-Lösung

Während der Schaffner durch den Wagen ging und die Fahrkarten überprüfte, fiel Hollerith etwas auf: Der Mann drehte das Ticket immer in dieselbe Position

Titelblatt des *Scientific American*, August 1890

und lochte es dann mehrfach an je verschiedenen Stellen. Als er zu Hollerith kam, bat dieser ihn um eine Erklärung für dieses Vorgehen. Der Schaffner erzählte, dass alles in der Blütezeit der Zugüberfälle begonnen hatte. Leute wie Butch Cassidy oder Jesse James hatten oft einen aus ihrer Bande als normalen Passagier in einen Zug gesetzt. Daher wurden die Fahrkarten von Einzelreisenden, vor allem wenn sie kein Gepäck mitführten, schon bei Ausgabe an einer bestimmten Stelle gelocht, damit der Schaffner gewarnt war. Als die Überfälle zurückgingen und sich gleichzeitig das Streckennetz immer weiter ausdehnte, wurde das Lochmuster erweitert, um der steigenden Zahl von Schwarzfahrern Herr zu werden.

Jetzt kam der Teil, der Hollerith aufhorchen ließ. Die Züge legten weite Strecken zurück, wobei das Personal einschließlich des Schaffners regelmäßig wechselte. Um zu vermeiden, dass Passagiere den neuen Schaffner hereinlegten, indem sie durch den Zug liefen und zu mehreren denselben Fahrschein benutzten, lochte man jedes Ticket an bestimmten Stellen und hielt so eine Beschreibung des Reisenden fest, der es als Erster vorgezeigt hatte. Eine Markierung für Geschlecht, eine für Größe, eine für Körperbau, eine für Haarfarbe und so weiter. Wenn also ein zwei Meter großer Hüne mit roten Haaren eine Fahrkarte mit dem Lochmuster für eine kleine schmächtige Blondine vorzeigte, dann war garantiert etwas faul. Hollerith erkannte, dass hier die Lösung lag. Bei der Volkszählung 1890 erfassten die Hollerith-Loch-kartenmaschinen alle Amerikaner hinsichtlich Rasse, Hautfarbe, Religionszugehörigkeit und anderer Merk-male, und 1911 verschmolz Holleriths Firma, das erste »Start-up« der Computergeschichte, mit zwei weite-ren Gesellschaften zu einer größeren, die seit 1924 den Namen IBM trägt.

Bereits 1933 begann IBM mit dem Aufbau von Ge-schäftsbeziehungen zum NS-Regime, die bis 1945 Be-stand hatten. Um möglichst viel Profit zu machen, blieb IBM darauf bedacht, Hitler die Maschinen nicht zu verkaufen, sondern sie zu vermieten und dazu das Personal für Bedienung und Wartung bereitzustellen. Mithilfe der Maschinen machten sich die Nazis an die Mammutaufgabe, alle »unerwünschten Elemente« zu erfassen und zu katalogisieren, wie etwa Juden, Sinti und Roma, Homosexuelle, Kommunisten sowie körperlich und geistig Behinderte, und jeden einzel-nen für Zwangsarbeit oder den Transport ins Kon-zentrationslager vorzumerken, wobei IBM auch bei diesen Transporten logistische Unterstützung leistete. In jedem Lager stand ein Hollerith-Gerät von IBM, das jedem Gefangenen seine eigene IBM-Nummer zuwies. Diese enthielt Informationen über den Träger, sodass die Lagerverwaltung leichter Angehörige be-stimmter Gruppen auswählen konnte, etwa für be-stimmte Aufgaben oder um sie der Hinrichtung zu-zuführen.

Zahlreiche Firmen ließen sich mit den national-
sozialistischen Machthabern ein und machten dabei
ihren Gewinn. Die meisten verkauften dem Regime
einfach nur etwas; IBM ist dagegen eine der wenigen
Gesellschaften, die Hitler tatkräftig bei der Durchfüh-
rung seiner furchtbaren Pläne unterstützten.

LSD

Als der Schweizer Chemiker Albert Hofmann (1906 bis 2008) im Jahr 1943 zu seiner berühmt gewordenen Fahrradtour aufbrach, hatte LSD – Hofmanns »Sorgenkind«, wie er es später nannte – schon eine lange, verzweigte Geschichte hinter sich. Allerdings hatte der Vorläufer des Stoffs in den Jahrhunderten zuvor meist unschönere Folgen gehabt als bei ihm.

Ein Fänger im Roggen

Roggen war schon immer anfällig für den Mutterkornpilz, und die Veränderungen im Ackerbau mit dem Ziel, hohe Erträge zu erwirtschaften, verschärften dieses Problem. Bei den befallenen Pflanzen bilden sich in der Ähre große, dunkelviolette Auswüchse in Form eines Sporns. Die darin enthaltenen Giftstoffe überstehen sowohl die Verarbeitung zu Mehl als auch den Backvorgang. Je nachdem, wie stark der Roggen befallen ist, wirkt sich der Verzehr von entsprechend vergiftetem Brot aus: Ein Prozent Verunreinigung genügt, um Krämpfe und spirituell-religiös geprägte Halluzi-

nationen hervorzurufen, stärkere Verunreinigung be-
wirkt Gewebsnekrosen, bei denen sich Arme und Beine
schwarz färben, und zu sieben Prozent verunreinigtes
Brot führt zum Tod. Früher war Roggen in ländlichen
Gegenden eines der Hauptnahrungsmittel, weshalb ein
Befall mit Mutterkorn stets Panik auslöste. Vor allem
die wärmeren Regionen Europas, in denen das Klima
der Ausbreitung des Pilzes förderlich war, hatten darunter zu leiden. Besonders betroffen war das südita-
lienische Taranto.

Touristenabzocke

Im Mittelalter wurden die Einwohner Tarantos häufig
von Krampfanfällen geplagt, die mit religiösen Wahnvorstellungen einhergingen, bei denen den Betroffenen
Engel, Heilige oder die Jungfrau Maria erschienen. Da
man die wahre Ursache nicht kannte und glaubte, die
Stadt erfreue sich besonderer göttlicher Gnade, pilger-
ten zahlreiche Gläubige in der Hoffnung dorthin, diese
Manifestationen Gottes mit eigenen Augen zu sehen –
und sie wurden nie enttäuscht. Als die Einheimischen
erkannten, dass dabei auch für sie etwas zu holen war –
Pilger müssen beherbergt und mit Devotionalien versorgt werden –, führten sie regelrechte Tänze auf, bei
denen sie herumwirbelten und schrien und schließlich,
unverständliche Worte brabbelnd, in sich zusammen-
sackten. Weil die Ursachen psychotischer Zustände
damals noch nicht bekannt waren, sprach man davon,

dass jemand von einer göttlichen oder teuflischen
Macht »besessen« war. Manchmal litten die Tänzer
auch tatsächlich unter einer Vergiftung, was ihren Vorführungen eine besondere Note verlieh. Doch die Einwohner von Taranto übertrieben es immer mehr mit
ihrem Hokuspokus, bis Anfang des 17. Jahrhunderts
alle genug davon hatten, auch sie selbst. Zu dieser Zeit
entstand auch die musikalische Form der Tarantella,
eines raschen Volkstanzes, der die ungebärdige Tanz-
weise nachahmte. Die in der Region beheimatete
Wolfsspinne erhielt den Namen Tarantel und der
gleichnamige Tanz wurde zu einer Therapie gegen das
Gift eben dieser Spinne umgedeutet. Deren Biss ist
zwar schmerzhaft, war aber nicht die Ursache der
Tanzwut. Diese wurde vermutlich durch das Gift einer
anderen Spinne ausgelöst, der Schwarzen Witwe.

Hexenwerk

Vergiftungen durch Mutterkorn wirkten sich auf den
Lauf der Geschichte aus, indem sie kämpfende Armeen
außer Gefecht setzten oder, in kleinerem Maßstab, zu
Ausbrüchen von Hexenwahn führten, bei denen
Frauen den Preis dafür zahlten, dass irgendein vergif-
teter Bauerntölpel behauptete, er habe sie herumfliegen
oder ihre Gestalt ändern sehen. Mutterkorn führt häufig zu Halluzinationen, in denen andere Menschen als
hässliche Fratzen erscheinen, weshalb es bisweilen als

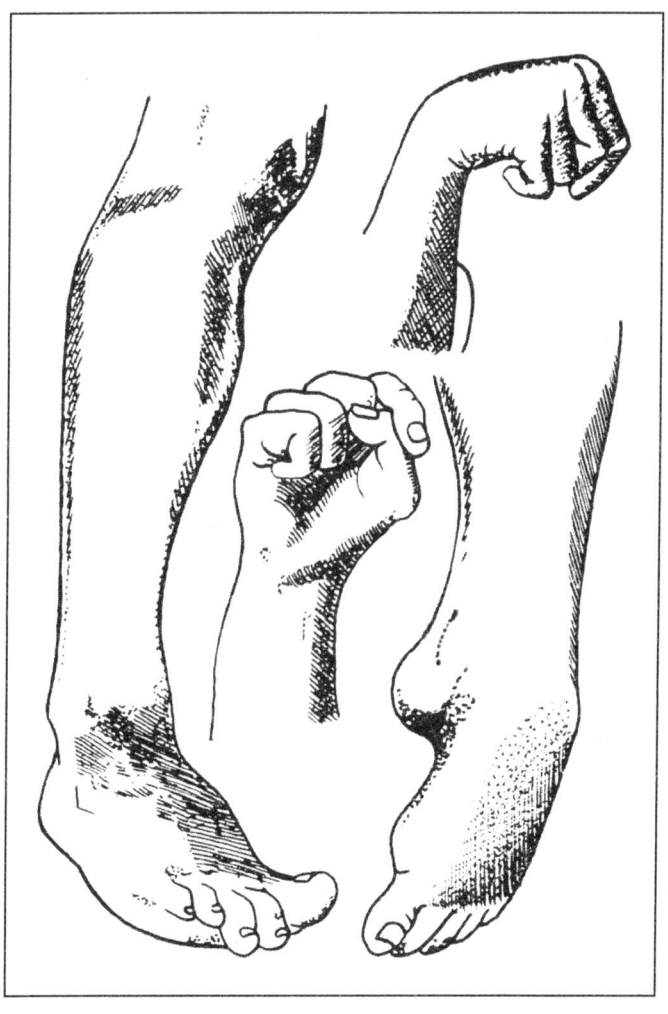

Durch Mutterkorn ausgelöste Verkrampfungen

Die Hexenprozesse von Salem

Ursprung der mythologischen Vorstellung vom Werwolf angesehen wird. Mary K. Matossian, Professorin an der Universität von Yale, hat in ihrem Buch *Poisons of the Past: Molds, Epidemics, and History* (1989) die Auswirkungen von Mutterkornvergiftungen auf die Geschichte untersucht. Mit besonderem Blick auf Deutschland erläutert sie darin die Parallelen zwischen Epidemien und Hexenwahn wie auch Massenhinrichtungen. Auch bei den Hexenprozessen von Salem im Jahr 1692 könnte Mutterkorn eine Rolle gespielt haben. Möglicherweise hatten sich die beiden Hauptangeklagten, die neunjährige Betty Parris und die elfjährige Abigail Williams, Tochter bzw. Nichte des Predigers Samuel Parris, damit vergiftet. Zeitgenössische Berichte spre-

chen von häufigen Krampfanfällen und Verrenkungen,
die »weitaus stärker als bei epileptischen Anfällen«
waren. Andere Darstellungen kommen dagegen zu der
Ansicht, die beiden ungezogenen Mädchen wollten
sich nur wichtigmachen. Jedenfalls wurden während
der von ihnen ausgelösten Prozesse über 150 Verdäch-
tige festgenommen und 24 Personen hingerichtet.

Dem Schimmel auf der Spur

Das Geheimnis der Rasereien wurde in Frankreich
gelüftet, wo Vergiftungen mit Mutterkorn besonders
häufig waren. Bis etwa 1630 galten die Anfälle als Strafe
Gottes. Erst Dr. Thuillier, Leibarzt von Maximilien de
Béthune, dem Herzog von Sully (1559–1641), vermutete
eine physiologische Ursache. Zunächst bemerkte er,
dass die Krankheit verstärkt in ländlichen Gegenden
auftrat und seltener in den dicht besiedelten und ver-
schmutzten Städten, die doch mutmaßlich einen bes-
seren Nährboden für Epidemien abgaben. Besonders
stutzig machte ihn aber, dass die Verbreitung der
Krankheit keinem Muster zu folgen schien, außer dass
neun von zehn Betroffenen aus der armen Landbevölkerung stammten. Aber konnte es sich um eine Infek-
tionskrankheit handeln, wenn ein Mitglied einer Familie ihr erlag, die anderen dagegen nicht, oder wenn
eine ganze Familie betroffen war, nicht aber ihre Nachbarn? Auch auf Einödhöfen brach die Krankheit aus,

während es die Wohlhabenden auf dem Land nie erwischte. Über solche Fragen grübelte Thuillier, als ihm das Schicksal zu Hilfe kam.

Altweibergeschichten

1630 beschloss Thuillier, sich selbst ein Bild zu machen, und erkundete das Umland von Angers. Als der Abend nahte und er noch immer nichts Auffälliges bemerkt hatte, befahl er seinem Kutscher, wieder nach Hause zu fahren, und als dieser kehrtmachte, löste sich ein Rad von einer Achse. Weil die Reparatur erst am nächsten Tag erfolgen konnte, quartierte Thuillier sich im nächstgelegenen Gasthof ein. Dort wurde ihm alles klar. Überall im Gastraum lag in großen Körben reichlich Roggenbrot, an dem sich die Gäste für kleines Geld satt essen konnten. Die Einheimischen und die ärmeren Reisenden griffen beherzt zu, nicht aber die wohlhabenderen Gäste; diese verlangten alle nach dem teureren Weißbrot. Thuillier erkannte den Zusammenhang: Die wohlhabende Landbevölkerung blieb verschont, weil sie, wie die Stadtbewohner, sich an Weißbrot hielt und nicht an das schwere, auf dem Land weit verbreitete Roggenbrot. Am nächsten Morgen ging er auf die Roggenfelder und entdeckte an den Ähren vereinzelt Auswüchse, die die Bauern Hahnensporn nannten. Die alten Frauen im Dorf erzählten ihm, dass sie aus diesen Körnern eine Mixtur herstellten, die bei Schwangeren die Wehen einleitete und

nachgeburtliche Blutungen verhinderte (von dieser
Verwendung leitet sich auch die deutsche Bezeichnung
»Mutterkorn« her); aber sie verwendeten dabei nur eine
sehr geringe Dosis, denn, so erklärten sie, zu viel von
der Substanz würde bei den Frauen zu Irrsinn und
Wahnvorstellungen führen. Das war die Lösung: Alles
hing vom Grad der Vergiftung ab. Und es erklärte
auch, warum nur ein oder zwei Mitglieder einer Familie die Symptome entwickelten, obwohl alle vom selben
Laib Brot gegessen hatten. Thuillier hatte die Antwort
gefunden, doch niemand glaubte ihm.

Fruchtloses Korn

In der Folge griffen andere Wissenschaftler die Erkenntnisse Thuilliers auf, bis Mitte des 19. Jahrhunderts
das Vorkommen und die Entwicklungsstadien des
Mutterkorns weitgehend erforscht waren. 1938 experimentierte dann Albert Hofmann in seinem Labor bei
der Firma Sandoz in Basel mit dem Mutterkornpilz
und stellte daraus Lysergsäurediethylamid (LSD) her.
Er war auf der Suche nach einer gereinigten Form der
Altweibermixtur, die gegen Migräne und nachgeburtliche Blutungen wirken sollte. Damals war die stark
gefäßverengende Wirkung des Mutterkornpilzes bereits bekannt, die auch die Gewebsnekrosen erklärte,
von denen im Mittelalter häufig berichtet worden war.
Weil die neu gewonnene Substanz jedoch nicht die ge-
wünschte Wirkung zeigte, verfrachtete Hofmann das

Projekt in die Schublade und wandte sich anderen Dingen zu. Allerdings ließ es ihm keine Ruhe. Hatte er nicht doch etwas übersehen?

Ein »Trip« nach Hause

Der Krieg unterbrach zunächst seine Untersuchungen und erst 1943 wandte Hofmann sich wieder dem Thema zu und stellte noch einmal Lysergsäurediethylamid her. Unwissentlich produzierte er dabei die stärkste halluzinogene Substanz, die es je gab – rund 10 000-mal stärker als Meskalin. In der Schlussphase der Synthese, der Reinigung und Klärung des LSD, muss er auf irgendeine Weise, durch Inhalieren oder eine zufällige Berührung, eine Spur davon aufgenommen haben. In seinen Erinnerungen berichtet er von den Folgen:

> Vergangenen Freitag, 16. April 1943, musste ich mitten am Nachmittag meine Arbeit im Laboratorium unterbrechen und mich nach Hause begeben, da ich von einer merkwürdigen Unruhe, verbunden mit einem leichten Schwindelgefühl, befallen wurde. Zu Hause legte ich mich nieder und versank in einen nicht unangenehmen rauschartigen Zustand, der sich durch eine äußerst angeregte Fantasie kennzeichnete. Im Dämmerzustand bei geschlossenen Augen – das Tageslicht empfand ich als unangenehm grell – drangen ununterbrochen fantastische Bilder von außerordentlicher Plastizität und mit intensivem, kaleidoskopartigem Farbenspiel auf mich ein. Nach etwa zwei Stunden verflüchtigte sich dieser Zustand.

Berauscht

Hofmann ahnte, dass diese Erlebnisse mit seiner Arbeit
im Labor zu tun hatten. Kurz darauf führte er einen
Selbstversuch mit einer Dosis von 0,25 Milligramm
durch, was ihm als die Mindestmenge erschien, um
einen spürbaren Effekt zu erzielen. Er nahm die Dosis
ein und setzte sich, in Erwartung des Kommenden.
Lange musste er nicht warten; 0,25 mg entsprechen
etwa der 15-fachen Menge, die heute für einen »Trip«
eingenommen wird. Zu Beginn seines Versuchsproto-
kolls notiert er: »Beginnender Schwindel, Angstgefühl.
Sehstörungen. Lähmungen, Lachreiz.« Die Notizen
werden spärlicher, als bei Hofmann ein sechsstündiger
Rausch einsetzt, an dessen Ende er sich »leicht ermü-
det« fühlte. Als er wieder bei Kräften war, hielt er fest,
woran er sich erinnern konnte:

Die letzten Worte konnte ich nur noch mit großer Mühe nieder-
schreiben. Ich [...] bat meine Laborantin, die über den Selbstversuch informiert war, mich nach Hause zu begleiten. Schon
auf dem Heimweg mit dem Fahrrad – ein Auto war im Augen-
blick nicht verfügbar, Autos waren während der Kriegszeit nur
wenigen Privilegierten vorbehalten – nahm mein Zustand bedrohliche Formen an. Alles in meinem Gesichtsfeld schwankte
und war verzerrt wie in einem gekrümmten Spiegel. Auch hatte
ich das Gefühl, mit dem Fahrrad nicht vom Fleck zu kommen.
Indessen sagte mir später meine Assistentin, wir seien sehr
schnell gefahren.

[...]
Schwindel und Ohnmachtsgefühl wurden zeitweise so stark,
dass ich mich nicht mehr aufrechthalten konnte und mich auf
ein Sofa hinlegen musste. Meine Umgebung hatte sich nun in
beängstigender Weise verwandelt. Alles im Raum drehte sich,
und die vertrauten Gegenstände und Möbelstücke nahmen groteske, meist bedrohliche Formen an. Sie waren in dauernder
Bewegung, wie belebt, wie von innerer Unruhe erfüllt. [...] Aber
schlimmer als diese Verwandlungen der Außenwelt ins Groteske
waren die Veränderungen, die ich in mir selbst, an meinem
inneren Wesen spürte. Alle Anstrengungen meines Willens, den
Zerfall der äußeren Welt und die Auflösung meines Ichs auf-
zuhalten, schienen vergeblich. Ein Dämon war in mich ein-
gedrungen und hatte von meinem Körper, von meinen Sinnen
und von meiner Seele Besitz ergriffen.

Nach sechs Stunden hatte Hofmann noch immer Halluzinationen, er sah ein »unerhörtes Farben- und For-
menspiel« und »bunte, fantastische Gebilde«. Einmal
wollte er sogar die Wände hochklettern, um einer besorgten Nachbarin zu entfliehen, die herübergekom-
men war und wissen wollte, was da vor sich ging. Sie
erschien Hofmann als eine Hexe mit entstelltem Gesicht, die durch das Zimmer flog und ihn fressen wollte.
Als er wieder auf dem Boden war, fragten seine Kollegen ihn mehrfach nach der Dosis, die er genommen
hatte. Täuschte er sich wirklich nicht? Konnte ein
Viertel Milligramm solche Auswirkungen haben?
Allerdings – fünf Gramm reichen aus, um bei etwa
3000 Menschen spürbare Effekte hervorzubringen.

Nicht zuletzt diese starke Wirkung führte zur Verbreitung der Droge unter den Hippies und damit zur bislang letzten »Mutterkorn-Epidemie«.

Seltsam, aber wahr

Für die CIA kam Hofmanns bewusstseinserweiternde
Entdeckung gerade zur rechten Zeit. Anfang der 1950er
Jahre, in einem vom Kalten Krieg geprägten politischen Klima, rief sie das Programm MK-Ultra ins Leben, ein äußerst bizarres Projekt, das der Suche nach
einem Wahrheitsserum galt sowie den Möglichkeiten
der totalen Bewusstseinskontrolle bei den eigenen Mit-
arbeitern, bei »subversiven Kräften« in der Heimat und
bei Angehörigen verfeindeter Nationen. Hierzu rekru-
tierte die CIA auch zahlreiche ehemalige KZ-Ärzte,
die während des Krieges bereits Versuche an Menschen
durchgeführt hatten, etwa im Rahmen des Meskalin-
Projekts in Dachau, und verschaffte ihnen neue Iden-
titäten, damit sie bei MK-Ultra mitwirken konnten.
Die Gesamtleitung des Projekts lag bei Dr. Sidney
Gottlieb (1918–1999), mit echtem Namen Joseph Schnei-
der, der mit seiner Sprachstörung – er stotterte –, seinem Klumpfuß und seiner Leidenschaft für Volkstanz
eines der Vorbilder für die Figur des Dr. Seltsam aus
Stanley Kubricks gleichnamigem Film gewesen sein
soll. Außerdem hat er alle möglichen verrückten Ideen
zur Ermordung Fidel Castros entwickelt, etwa eine
explodierende Zigarre. Während andere Projektmit-

arbeiter an der Zeichentrickfassung von George Or-
wells *Farm der Tiere* arbeiteten, die 1954 in die Kinos
kam, kaufte Gottlieb bei Sandoz große Mengen LSD,
bis man dort angesichts des Umfangs der Bestellungen
misstrauisch wurde und weitere Lieferungen verwei-
gerte. Daher zwang die CIA den US-Chemiekonzern
Eli Lilly, gegen das Patent zu verstoßen, sodass Gottlieb
im Geheimen tausenden ahnungslosen Amerikanern
LSD verabreichen konnte, mit dem Ziel, ihr Bewusstsein zu kontrollieren, oder das, was davon übrig war.

Eine endlose Reise

Etliche der Versuchspersonen waren Insassen von Ge-
fängnissen oder anderen staatlichen Institutionen, Soldaten, aber auch zufällig ausgewählte Personen aus
der Bevölkerung. In Lexington, Kentucky erhielt ein
Psychiatriepatient 174 Tage lang LSD. Selbst als es ab-
gesetzt war, verließ ihn der Rausch nicht mehr, sondern
begleitete ihn bis an sein Lebensende.

Manchmal fielen die Experimente auf die CIA zurück. 1959 und 1960 nahm der äußerst intelligente Har-
vard-Student Ted Kaczynski (*1942) an Versuchen teil,
die ihm als Experiment zur Stressbewältigung verkauft
wurden. Einige Stimmen sind der Ansicht, diese Versuche hätten dazu beigetragen, dass aus Kaczynksi der
»Unabomber« wurde, der von 1978 bis 1995 die Behörden mit seinen Anschlägen auf Trab hielt. Auf der Liste
der freiwilligen Teilnehmer an MK-Ultra tauchen zwei

weitere bekannte Namen auf: Allen Ginsberg (1926 bis
1997) und Ken Kesey (1935–2001), zwei führende Ver-
treter der Beat Generation und Wegbereiter der Hippie-
Bewegung, wobei Kesey heute vor allem als Autor des
Romans *Einer flog übers Kuckucksnest* (1962) bekannt
ist. Timothy Leary (1920–1996), »Guru« der Hippie-
Bewegung und Befürworter des freien Gebrauchs von
LSD, wird dagegen von manchen für eine Marionette
der CIA gehalten.

Ernüchterung

Sidney Gottlieb, der selbst regelmäßig LSD nahm,
sorgte durch die Operation *Midnight Climax* auch für
das Ende von MK-Ultra. Zu diesem Vorhaben hatte
ihn die Lektüre der Notizen des ehemaligen SS-Briga-
deführers Walter Schellenberg angeregt. Schellenberg
genoss bei der CIA hohes Ansehen (außerdem wurde
ihm eine Affäre mit Coco Chanel nachgesagt) und
hatte während des Krieges die Abhöraktionen in einem
Berliner Edelbordell verantwortet, bei denen die Regi-
metreue von Funktionären und Verbündeten über-
prüft werden sollte. Gottlieb wollte ähnlich vorgehen,
nur sollten die Prostituierten ihren Freiern LSD verabreichen. Er ließ alles filmen und sah sich, selbst vom
LSD berauscht, die Aufzeichnungen an. 1972 verließ er
die CIA und ging nach Indien, wo er ein Krankenhaus
für Leprakranke betrieb. Die menschenverachtenden
Verbrechen im Rahmen von MK-Ultra warten derweil,

im 21. Jahrhundert, noch immer auf ihre öffentliche Aufarbeitung.

Ein Säureanschlag

Als das südfranzösische Dorf Pont-Saint-Esprit am Morgen des 16. August 1951 zum Leben erwachte, stürzte der Postbote Léon Armunier von seinem Rad und schrie, er verbrenne und werde von Schlangen angegriffen. Nach ihm erlitten 250 weitere Personen solche Anfälle. Vier von ihnen fanden dabei den Tod, weil sie aus dem Fenster sprangen, um sich etwa vor halluzinierten Bränden zu retten, zwei weitere nahmen sich später das Leben. Sofort wurden Vermutungen laut, es grassiere wie im Mittelalter eine Mutterkornvergiftung. Die Symptome der Opfer sprachen jedoch dagegen: Weder zeigten sie Nekrosen noch andere für diese Art von Vergiftung typische Erscheinungen. Hinzu kam, dass der ortsansässige Arzt, nachdem er einige der Betroffenen versorgt hatte, für mehrere Stunden die Sprache verlor und in reglosem Zustand verharrte – obwohl er an dem Tag noch nichts gegessen hatte. Den deutlichsten Hinweis auf die wahre Ursache liefert die Tatsache, dass sich Frank Olson (1910–1953), Biowaffenexperte der CIA, kurz vor dem Ausbruch in der Gegend aufhielt und auch Albert Hofmann eilends anreiste, um sich zu informieren. Hofmann erklärte schon bald das Mut-

terkorn zum Auslöser, doch er änderte seine Meinung, als er wieder zurück bei Sandoz in Basel war,
wo man kurz darauf die Lieferungen an die CIA einstellte. Diese bleibt die Hauptverdächtige eines Ver-
brechens, das nur einen Zweck hatte, nämlich beob-
achten zu können, wie sich die unkontrollierte Gabe
von LSD in einer ahnungslosen Gemeinschaft aus-
wirken würde.

Lucy in the sky with diamonds

Dieser Beatles-Song handelt von LSD, das weiß nun
wirklich jeder – nur stimmt das nicht. Während sich die
Empörung der Rechtschaffenen gegen dieses Stück
wandte, übersahen die Sittenwächter, welches Lied
eigentlich ihr Ziel hätte sein müssen: *Day Tripper.*
    John Lennon hatte die Idee zu dem Song, als sein
fünfjähriger Sohn Julian ihm ein Bild zeigte, das er im
Kindergarten gemalt hatte und auf dem ein Mädchen in
einer Fantasielandschaft zu sehen war. Auf die Frage
nach dem Titel des Bildes sagte Julian: »It's Lucy – in
the sky with diamonds«. Später erinnerte er sich: »Ich
weiß nicht, warum ich ihm diesen Titel gab oder warum
es unter all meinen Bildern besonders hervorstach, aber
offensichtlich hatte meine Kindergartenfreundin Lucy
es mir damals angetan. Ich zeigte meinem Vater alles,
was ich im Kindergarten gemalt oder gebastelt hatte,
und dieses eine Bild hat ihn dann inspiriert.« Lucy

O'Donnell bestätigte dies 2007 in einem Radiointerview mit der BBC und fügte hinzu: »Ich weiß noch, wie Julian und ich Bilder an einer zweiseitigen Staffelei gemalt und uns dauernd gegenseitig mit Farbe beworfen haben; die Kindergärtnerin hat das in den Wahnsinn getrieben. [...] An dem Tag, als Julian dieses Bild gemalt hatte, holte sein Vater ihn mit dem Chauffeur ab.« Lennon selbst sagte, ihm sei nie in den Sinn gekommen, der Song könne mit LSD zu tun haben, und dabei hatte er bei solchen Dingen wirklich keine Berührungsängste. »Bis mich jemand darauf hinwies, habe ich nie daran gedacht.«

Nicht alle haben Glück

Frank Olson durchlebte nach dem Vorfall in Pont-Saint-Esprit wohl eine Art Sinnkrise, jedenfalls verbarg er weder seine Ansichten noch seinen Entschluss, die CIA zu verlassen. Zweimal verletzte er seine Geheimhaltungspflicht und sprach über das Experiment, das er gegenüber seiner Frau als »schrecklichen Fehler« bezeichnete. Die CIA schützte Besorgnis um sein Wohlergehen vor und schickte ihn nach New York, wo er einen Psychiater, einen »Betriebsarzt« des Geheimdienstes, konsultieren sollte. Allerdings stürzte er dort am 28. November 1953 unter ungeklärten Umständen aus dem Fenster seines Hotelzimmers. Die CIA gab schließlich zu, ihm LSD verabreicht zu haben, und der Journalist Hank Albarelli entdeckte bei den Recherchen zu seinem Buch *A Terrible Mistake* (2010) ein Dokument des Geheimdienstes mit dem Titel »Betrifft: Akte Pont-Saint-Esprit und F. Olson. Einsatzbericht SE Brückenbogen/Frankreich, inkl. Olson. Geheimdienstakte. Persönlich an Belin zu überbringen – er soll zusehen, dass sie vernichtet werden.« »SE« steht für Sondereinsatz, der Name »Brückenbogen« spielt auf den Ortsnamen Pont-Saint-Esprit an (»Brücke des Heiligen Geistes«). 2012 klagten Olsons Söhne auf Entschädigung und Herausgabe von Dokumenten. Die Klage wurde 2013 abgewiesen. Einige der Überlebenden von Pont-Saint-Esprit, wie der mittlerweile 90-jährige Léon Armunier, haben noch immer Flashbacks, kommen aber einigermaßen damit zurecht.

Ein eisiges Experiment

Dass eine naturwissenschaftliche Anomalie, über die bis heute diskutiert wird, im Jahr 1963 zufällig beim Kochunterricht in einer Schule in einem Dorf im heutigen Tansania entdeckt wurde, mag überraschend wirken. Doch genau damals stellte Erasto Mpemba eine These auf, die die Fachwelt aufhorchen ließ: Heiße Flüssigkeiten, so behauptete er, gefrieren schneller als kalte.

Ein gefrorenes Rätsel

Die Schulklasse bereitete Speiseeis zu, so auch der dreizehnjährige Mpemba, der allerdings durch Schwätzen und Herumtrödeln etwas im Verzug war. Als ihm klar wurde, dass für seine Box kein Platz mehr im Gefrierschrank wäre, wenn er sich nicht beeilte, schob er sie kurzerhand hinein, obwohl sie noch warm war. Zu seiner Überraschung war seine Portion als erste fertig. Weil das jeder Erwartung widersprach, fragte er den Lehrer, wie das sein könne, doch dieser entgegnete nur, da täusche er sich wohl.

Als einige Jahre später Professor Denis Osborne vom Institut für Physik an der Universität Dar es Salaam die Schule besuchte, fragte der von seinen Mitschülern verlachte Mpemba abermals, wie das hatte passieren können. Osborne wurde hellhörig und führte einige Versuche durch, weil er wissen wollte, ob an Mpembas Geschichte etwas dran war. Es war etwas dran, allerdings nur unter bestimmten Bedingungen. Kochendes Wasser gefriert nicht grundsätzlich schneller als kaltes, außerdem hatte Mpemba Milch verwendet. Jedoch gefriert Wasser, das gekocht hat und wieder abgekühlt ist, schneller als Wasser, das nicht erhitzt wurde, weil durch den Kochvorgang Verunreinigungen und Gase beseitigt werden, die den Gefrierprozess verlangsamen. Aber Mpemba und Osborne hatten nicht ganz unrecht: Von zwei identischen Proben einer Flüssigkeit, die eine bestimmte Größe haben und sich nur in der Temperatur unterscheiden, gefriert unter bestimmten Bedingungen die wärmere schneller. Niemand weiß, warum das so ist. Wie es scheint, wirken mehrere Faktoren zusammen.

Gefrierfaktoren

Einer der Gründe für diese Anomalie liegt darin, dass das Eis auf der Stellfläche des Gefrierschranks unter dem Boden des heißen Behälters schmilzt, der Behälter dadurch in direkten Kontakt mit der Fläche kommt und außerdem das Schmelzwasser wieder am Boden

des Behälters festfriert. (Wer selbst versucht, den ziemlich komplexen Mpemba-Effekt experimentell darzustellen, und den heißen Behälter auf einem Korkunter-
setzer ins Gefrierfach stellt, wird enttäuscht werden.)
Zweitens verdampft die heiße Flüssigkeit, wodurch sich
ihr Volumen verringert. Als Drittes spielt das erwähnte
Austreten von Gasen aus heißer Flüssigkeit mit hinein,
und schließlich die Umwälzströmungen, die während
des Gefrierprozesses entstehen. Wenn die heiße Flüssigkeit an der Oberfläche abkühlt, wird sie schwerer
als die darunterliegenden Schichten, sinkt hinab und
drückt dadurch warmes Material an die Oberfläche,
die der Kälte ausgesetzt ist. Weil sich diese Austausch-
bewegung in der heißen Probe rascher vollzieht, läuft
hier der Gefrierprozess schneller ab – allerdings nur,
wenn die Proben eine bestimmte Größe haben. Fünf-
literpackungen machen bei dem Spielchen beispiels-
weise nicht mit. Das beste Ergebnis erreicht man mit
jeweils 70 cm³ Flüssigkeit in Behältern mit 100 cm³
Volumen.

Erste Sahne

Bei bestimmten Temperaturen tut sich hier also eini-
ges. Mpemba befindet sich dabei in bester Gesellschaft:
Das Paradox wurde schon von Philosophen wie Aris-
toteles, Descartes und Francis Bacon beobachtet. Letz-
terer starb an einer Brustkorbinfektion, die er sich zu-

gezogen hatte, als er ein Huhn mit Schnee füllte – einer der frühesten Versuche mit gefrorenen Lebensmitteln. Über den Mpemba-Effekt sind eine Menge falscher Informationen im Umlauf. Auf zahlreichen Webseiten wird ganz selbstverständlich behauptet, kochendes Wasser gefriere schneller als kaltes, während andere beiläufig erwähnen, dass Eishersteller sich den Effekt zunutze machen und Kosten einsparen, indem sie die Eismasse kochend heiß in die Gefrierräume bringen. Ich habe allerdings auch nach stundenlangem Herumtelefonieren keinen einzigen Produktionsleiter einer Eisfirma gefunden, der vom Mpemba-Effekt auch nur gehört oder nicht mit Entsetzen auf die Vorstellung reagiert hätte, die Eismasse noch heiß in die Gefriertruhe zu schieben.

Lesetipps

Beavan, Colin: *Fingerprints: Origins of Crime Detection and the Murder Case that Launched Forensic Science* (Hyperion 2002).

Bown, Stephen R.: *Scurvy: How a Surgeon, a Mariner, and a Gentleman Solved the Greatest Medical Mystery of the Age of Sail* (St. Martin's Griffin 2005).

Brown, G. I.: *The Big Bang: A History of Explosives* (The History Press 2005).

Brynner, Rock und Trent Stephens: *Dark Remedy: The Impact of Thalidomide and its Revival as a Vital Medicine* (Basic Books 2001).

Fant, Kenne: *Alfred Nobel* (Arcade Press 2012).

Fant, Kenne: *Alfred Nobel: Idealist zwischen Wissenschaft und Wirtschaft* (Insel Verlag 1997).

Haiken, Elizabeth: *Venus Envy: A History of Cosmetic Surgery* (Johns Hopkins University Press 1999).

Infield, Glen B.: *Disaster at Bari* (New English Library 1976).

Jones, Simon: *World War I Gas Warfare Tactics and Equipment* (Osprey Publishing 2007).

Macmillan, Malcolm: *Odd Kind of Fame: Stories of Phineas Gage* (MIT Press 2002).

Martinez, Alberto: *Science's Secrets: The Truth about Darwin's Finches, Einstein's Wife, and other Myths* (University of Pittsburgh Press 2011).

Meier, Charles W.: *Before the Nukes – the remarkable history of the area of the Nevada Test Site* (Lansing Publications 2006).

Nichols, Peter: *Evolution's Captain: The Dark Fate of the Man who Sailed Charles Darwin Around the World* (Harper Collins 2003).

Nichols, Peter: *Darwins Kapitän. Die tragische Geschichte des Mannes, der an Darwins Entdeckungen zerbrach* (Europa Verlag 2004).

Scalia, Joseph Mark: *Germany's Last Mission to Japan: The Sinister Voyage of U-234* (Chatham Publishing 2000).

Scalia, Joseph Mark: *U 234. In geheimer Mission nach Japan* (Motorbuch Verlag 2002).

Schulman, Seth: *The Telephone Gambit: Chasing Alexander Graham Bell's Secret* (W. W. Norton & Co. 2008).

Sengoopta, Chandak: *Imprint of the Raj: How Fingerprinting was Born in Colonial India* (Macmillan 2003).

Whitaker, Robert: *Mad in America: Bad Science, Bad Medicine, and the Enduring Mistreatment of the Mentally Ill* (Basic Books 2010).

Zitatnachweise

Seite 92–93: Darwin, Charles: *Die Abstammung des Menschen*. Deutsch von Heinrich Schmidt (Alfred Kröner Verlag 1932).

Seite 96–97: Darwin, Charles: *Die Fahrt der* Beagle, Deutsch von Eike Schönfeldt (mare Buchverlag 2006).

Sämtliche Zitate von Albert Hofmann aus: Hofmann, Albert: *LSD – Mein Sorgenkind. Die Entdeckung einer »Wunderdroge«* (Klett-Cotta 1979).

Orthografie und Interpunktion wurden den Regeln der neuen deutschen Rechtschreibung angepasst.

Alle weiteren Zitate aus der englischen Originalausgabe übersetzt von Felix Mayer.

Bildnachweise

Seite 55: Library of Congress LC-USZC4-11179.

Seite 79: Peter Laurie / Hulton Archive / Getty Images.

Seite 101: Mary Evans / INTERFOTO / Sammlung Rauch.

Seite 152: Keystone / Hulton Archive / Getty Images.

Seite 165: Photo courtesy of National Nuclear Security Administration / Nevada Site Office.

Seite 191: Photo courtesy of U.S. National Archives / Record Group 38.

Register